世界五千年
科技故事丛书

卢嘉锡题

《世界五千年科技故事丛书》
编审委员会

世界五千年科技故事丛书

智慧之光

中国古代四大发明的故事

丛书主编　管成学　赵骥民

编著　管成学

吉林出版集团 | IC 吉林科学技术出版社

图书在版编目（CIP）数据

智慧之光：中国古代四大发明的故事 / 管成学，赵骥民主编.
-- 长春：吉林科学技术出版社，2012.10（2022.1 重印）
ISBN 978-7-5384-6142-8

Ⅰ.① 智… Ⅱ.① 管… ② 赵… Ⅲ.① 技术史－中国－古代
－普及读物 Ⅳ.① N092-49

中国版本图书馆CIP数据核字（2012）第156355号

智慧之光：中国古代四大发明的故事

主　　编　管成学　赵骥民
出 版 人　宛　霞
选题策划　张瑛琳
责任编辑　张胜利
封面设计　新华智品
制　　版　长春美印图文设计有限公司
开　　本　640mm×960mm　1 / 16
字　　数　100千字
印　　张　7.5
版　　次　2012年10月第1版
印　　次　2022年1月第5次印刷

出　　版　吉林出版集团
　　　　　吉林科学技术出版社
发　　行　吉林科学技术出版社
地　　址　长春市净月区福祉大路 5788 号
邮　　编　130118
发行部电话 / 传真　0431-81629529　81629530　81629531
　　　　　　　　　　81629532　81629533　81629534
储运部电话　0431-86059116
编辑部电话　0431-81629518
网　　址　www.jlstp.net
印　　刷　北京一鑫印务有限责任公司

书　　号　ISBN 978-7-5384-6142-8
定　　价　33.00元

序 言

十一届全国人大副委员长、中国科学院前院长、两院院士

路甬祥

　　放眼21世纪，科学技术将以无法想象的速度迅猛发展，知识经济将全面崛起，国际竞争与合作将出现前所未有的激烈和广泛局面。在严峻的挑战面前，中华民族靠什么屹立于世界民族之林？靠人才，靠德、智、体、能、美全面发展的一代新人。今天的中小学生届时将要肩负起民族强盛的历史使命。为此，我们的知识界、出版界都应责无旁贷地多为他们提供丰富的精神养料。现在，一套大型的向广大青少年传播世界科学技术史知识的科普读物《世

＿＿＿＿＿＿＿＿＿＿＿＿＿＿＿＿＿＿＿

界五千年科技故事丛书》出版面世了。

　　由中国科学院自然科学研究所、清华大学科技史暨古文献研究所、中国中医研究院医史文献研究所和温州师范学院、吉林省科普作家协会的同志们共同撰写的这套丛书，以世界五千年科学技术史为经，以各时代杰出的科技精英的科技创新活动作纬，勾画了世界科技发展的生动图景。作者着力于科学性与可读性相结合，思想性与趣味性相结合，历史性与时代性相结合，通过故事来讲述科学发现的真实历史条件和科学工作的艰苦性。本书中介绍了科学家们独立思考、敢于怀疑、勇于创新、百折不挠、求真务实的科学精神和他们在工作生活中宝贵的协作、友爱、宽容的人文精神。使青少年读者从科学家的故事中感受科学大师们的智慧、科学的思维方法和实验方法，受到有益的思想启迪。从有关人类重大科技活动的故事中，引起对人类社会发展重大问题的密切关注，全面地理解科学，树立正确的科学观，在知识经济时代理智地对待科学、对待社会、对待人生。阅读这套丛书是对课本的很好补充，是进行素质教育的理想读物。

　　读史使人明智。在历史的长河中，中华民族曾经创造了灿烂的科技文明，明代以前我国的科技一直处于世界领先地位，涌现出张衡、张仲景、祖冲之、僧一行、沈括、郭守敬、李时珍、徐光启、宋应星这样一批具有世界影响的科学家，而在近现代，中国具有世界级影响的科学家并不多，与我们这个有着13亿人口的泱泱大国并不相称，与世界先进科技水平相比较，在总体上我国的科技水平还存在着较大差距。当今世界各国都把科学技术视为推动社会发展的巨大动力，把培养科技创新人才当做提高创新能力的战略方针。我国也不失时机地确立了科技兴国战略，确立了全面实施素质教育，提高全民素质，培养适应21世纪需要的创新人才的战略决策。党的十六大又提出要形成全民学习、终身学习的学习型社会，形成比较完善的科技和文化创新体系。要全面建设小康社会，加快推进社会主义现代化建设，我们需要一代具有创新精神的人才，需要更多更伟大的科学家和工程技术人才。我真诚地希望这套丛书能激发青少年爱祖国、爱科学的热情，树立起献身科技事业的信念，努力拼搏，勇攀高峰，争当新世纪的优秀科技创新人才。

目　录

目 录 _____

引　子

　　我国的四大发明早已功冠全球，誉满天下。但是，许多青少年朋友，对四大发明的深远影响和伟大意义所知甚少。四大发明不仅提供了经济实用的书写材料，快速印刷的技术，科学的指南工具和威力巨大的爆破功能，而且对人类历史的进程，都产生了巨大的推进作用。

　　被马克思称为"英国唯物主义和整个现代实验科学真正鼻祖"的培根（Francis Bacon）说："我们应该注意各种发明的威力、效能和后果。最显著的例子便是印刷术、火药和指南针。这三种东西曾经改变了整个世界事务的面貌与状态。第一种在文学方面，第二种在战争方面，第三种在航海方面；由此又产生了无数的变化，这种变化是如此之大，以至没有一个帝国，没有一个教派，没有一个赫赫有名的人物，能比这三种机械发明在人类的事业中产生更大的力量和影响。"

培根是1620年说这些话的，当时人类的历史上，已经产生了像罗马、奥斯曼这样横跨欧、亚、非三大洲的大帝国；产生了像恺撒、成吉思汗这样震惊世界的人物；产生了像基督教、佛教这样席卷世界的宗教。但是，培根却说这一切对人类世界产生的力量和影响都不能和四大发明相比。

您一定从中学课本上，知道了罗马帝国、奥斯曼帝国的疆域是何等辽阔；您一定从历史老师的讲授中，了解了恺撒、成吉思汗创立了多么显赫的战功；您也一定从电影上，看到了基督教、佛教的信徒是何等的虔诚与狂热。这一切，对人类历史产生的影响，不能说不伟大。但是，这种伟大却不能和四大发明同日而语。那么，我们怎样看待四大发明对人类历史的影响呢？

1861年，马克思对四大发明做出了比培根更高的评价。他将四大发明与资产阶级革命联系在一起，他意味深长地说：

"火药、指南针、印刷术——这是预告资产阶级革命到来的三大发明。火药把骑士阶层炸得粉碎，指南针打开了世界市场并建立了殖民地，而印刷术则变成了新教的工具和科学复兴的手段，变成对精神发展创造必要前提的强大杠杆。"

马克思告诉我们，四大发明迎来了一个新时代——资产阶级革命的时代。

资产阶级在炸毁封建城堡时，使用的是四大发明的火药；在远涉重洋推销自己的廉价商品时，使用的是中国发明的指南针；在欧洲宗教改革和文艺复兴时，但丁、莎士比亚、拉伯雷等文艺大师在知识的海洋里，传播人文主义先进思想，揭露神权与封建专制贪暴蛮横时，推进他们文化之舟前进的风帆和螺旋桨，依然是中国人发明的纸和印刷术。

四大发明推动历史前进的功绩，将永垂史册！我们祖先的聪明才智理所当然地受到全世界人民的景仰！

航海家辨明方向的眼睛
——指南针

　　早在远古时期，我们的祖先就常常走进深山老林，去采集贵重的草药，去寻觅珍奇的珠玉。

　　森林里上不见太阳和星斗，四面又全是葱郁的树木，葳蕤的葛藤，他们靠什么来识别方向呢？

　　在茫茫的大海上，恶风怒吼，浊浪排空，一望无际，天水一色，哪里是东南西北呢？我们的祖先凭借什么工具远涉重洋呢？

春秋时期，诸侯纷起，战乱不已。战争中，夜黑风高，星月隐匿，大雾漫漫，连日不晴。我们的先人是怎样指挥和前进呢？

这一切是多么需要一种指示方向的工具啊！探险家、旅行家、航海家多么需要一双能穿透云雾和黑暗来辨明方向的眼睛啊！

关于指南工具的传说

早在远古时期，我国就有关于指南工具的传说。不过那不是指南针，而是指南车。

相传在父系氏族时期，我国南方有一个叫九黎的部族。他们的首领叫蚩尤，他带领部族进入中原地区，与炎帝部族发生了冲突，两个部族发生了一场恶战。蚩尤能够兴云吐雾，使炎帝部族的士兵迷失方向，因而把炎帝部族打得大败。

炎帝部族的首领神农氏，向中原另一个部族的首领黄帝求援，黄帝部族和炎帝部族联合起来，进攻九黎部族。

蚩尤再次兴云吐雾，使炎、黄两个部族的士兵迷失方向。黄帝为了在浓雾中辨别方向，发明了指南车，车上的木人永远指南。由于军队识别了方向，把蚩尤的军队打得大败，因为主要战争发生在涿鹿，历史上称为"涿鹿之战"。这是有关指南工具的第一个传说。

西周时期，南方有一个叫越裳的诸侯国，派使者来给周天子进贡，带了许多南方的特产。使臣回去时，西周的重臣周公怕使者迷失方向，送给使者一台指南车。这是关于指南工具的第二个传说。

十分明显，不论父系氏族黄帝时期，还是3 000多年前的西周时期，都很难发明指南车。但是，它却真切地反映了我们祖先对指南工具的奢求与愿望。

"前不见古人，后必有来者。"

根据史书记载，我国东汉时期的伟大科学家张衡就研制过指南车。可是，他的制造方法没有流传下来。

到了三国时期，"巧思绝世"的机械专家马钧真正造出了指南车，而且他的制造方法记入了史书。

魏明帝青龙年间（233—236），任给事中的马钧，在朝房中，与散骑常侍高堂隆和骁骑将军秦朗，谈起了古代是否有指南车一事。

高堂隆与秦朗都认为那只是传说而已，古代的张衡不曾制造过指南车。

马钧不同意他俩的意见，他辩解说："张衡非常可能制造过指南车，因为这并不是很难的事，只是我们没有深入研究罢了。"

高堂隆与秦朗认为马钧口出狂言，冷笑着说："先生名钧，字德衡。'钧'是器物的模型（古时制陶的转轮叫陶钧），'衡'可以量物之轻重。您说话如此没准，难道还可以成为模型吗？"

马钧有些口吃，不愿争论，就说："空口争论，徒劳无益。不如一试，即见分晓。"

三人就去找魏明帝曹叡，请他做见证人。魏明帝指示马钧试制指南车。

马钧经过刻苦钻研，反复试验，终于制成了指南车。高堂隆与秦朗在事实面前只好服输。史书也说："自此，天下服其巧矣。"

三国时期以后，有不少人试制过指南车，但是，史书记载都很简略，难以复原。

宋代的燕肃与吴德仁再次制成指南车，《宋史》记载却十分详细。当代科学家根据记载复制了指南车，陈放在北京中国历史博物馆中。

燕肃造的指南车是北宋天圣五年（1027），吴德仁造的指南车是徽宗大观元年（1107）。其构造与原理简介如下：

定轮两个，直径6尺，周长18尺；

小轮两个，直径3寸；

附足齿轮两个，直径2.4尺，周长7.2尺，齿距3寸，齿数24个；

左右小平轮两个，直径1.4尺，齿数12个；

中国大平轮一个，直径4.8尺，周长14.4尺，齿距3寸，齿数48个；

中心大平轮是平放车厢中的大齿轮，齿轮轴向上伸出，轴上立一木人。中心大平轮转多少度，木人也随之转多少度。

当车直线前行时，左右小平轮与大平轮是分离的，两侧足轮的转动不影响大平轮。当车向左转，辕后端的绳子通过滑轮把右边的小平轮放落，与大平轮齿合，使大平轮受右边车轮的齿轮转动，向右转动，恰巧抵消了车向左转的角度，使木人手指南不变。车向右转正好相反，其道理是一样的。

指南车构造简单，却能使木人手臂始终指南。关键在于中心大平轮和附足齿轮或联或断的设计。这种设计体现了我们祖先的高度智慧与创造能力。

奇妙的磁石

磁石古代写为慈石，因为它具有吸铁的特性，就像慈母能吸引自己的孩子一样。

对磁石和吸铁的性能，我国古代文献早有记载。

春秋战国时期，《山海经·灌题篇》曾记载"山中多慈石"；《管子·地数篇》也说："上有慈石者，下有铜金。""铜金"是一种磁铁矿石。

记载磁石的同时，也发现了它的吸铁性能。《鬼谷子·反应篇》说："慈石之取针；"汉代《淮南子·览冥训》也说："以慈石之能连铁也。"《吕氏春秋·精通篇》中，高诱的注文说："石，铁之母也。以有慈石，故能引其子；石之不慈者，亦不能引也。"汉以前多将磁石写为慈石。

发现磁石吸铁性能不久，又发现了磁石的指南性能。

《韩非子·有度篇》说："先王立司南"；《鬼谷子·谋篇》也说："郑人取玉，必带司南。"

磁石吸铁与指南性能的发现，为指南针的发明铺平了道路。

含铁量较大的磁石，实际上已具有了磁铁的性能。每块磁铁的两头，有不同的磁极。一头叫S极，另一头叫N极。

我们居住的地球，也是一块天然的大磁石，在南北两头也有两个磁极。靠近地球北极的，是S极，靠近地球南极的是N极。

磁体还有一种性能，那就是同性磁极相排斥，异性磁极相吸引。所以，不论地球的什么地方，只要把磁针放在可以自由转动的支点上，它的S极总是指南，而N极总是指北。

关于磁石吸铁和磁极同性相排斥，异性相吸引性能的应用，历史上还有两个传说。

秦始皇统一六国之后，在西安市附近，建筑了规模巨大宏伟豪华的阿房宫。秦始皇所住的宫门，用磁铁铸成，如果刺客带剑而过，立刻会被吸住，当场抓获。可惜，这座宫殿早被项羽付之一炬，只剩它的残垒高台还矗立在阿房宫的原址上。

另一个传说发生在汉代。汉武帝时期，胶东有一个叫栾大的巧匠，制成了一种斗棋，献给皇帝。这种斗棋棋子放入棋盘，自行跳斗，互相撞击。汉武帝看后，十分高兴，也十分惊奇。原来栾大的棋子以磁石磨成，具有同性相斥，异性相吸的性能，所以，产生自相跳斗的现象。

正是对磁石吸铁性能和指极性能的应用，导致了指南针的发明。

指南针的发明和种类

指南针是谁发明的，什么时候发明的？现在已无法查考。但是，有一点是清楚的：指南针是我国古代劳动人民在长期的生产和生活实践中集体智慧的产物。

指南针发明的年代，大约是战国时期。

韩非子在《韩非子·有度篇》中说："衔王立司

南，以端朝夕。""朝"指东，"夕"指西，"端朝夕"即正方向之意说："司南之杓，投之于地，其柢指南。"

学术界公认这是关于指南针的最早记载。但是，对于这两段记载却有不同的解释。

最早研究这两段文字并复制司南的学者，是中国科学院自然科学史研究所的王振铎先生。他认为"司南之杓"是用磁铁制成的勺子；"投之于地"，不是投之于土地，而是"地盘"；"其柢指南"是杓把指南。

王振铎先生的复原模型。他认为"地"是地盘。汉代占测用的地盘是方形，四周刻有八干：甲、乙、丙、丁、庚、辛、壬、癸；十二支：子、丑、寅、卯、辰、巳、午、未、申、酉、戌、亥；四维：乾、坤、巽、艮，共24个方向。

"司南之杓"是用天然磁石琢磨而成，它很可能出自琢玉工人之手。他们深入高山峡谷寻玉能够发现磁石，他们琢磨坚硬的玉石，有琢磨"司南之杓"的技能。

"司南之杓"尖底磨得十分光滑，在平如镜面的地盘容易转动，当它停止时，其杓指向南方。

　　杭州大学的王锦光和闻人军先生对这段话提出了不同的解释。他们认为"投之于地"的"地"字是"池"字之误。"投之于池"的"池"，以水银充其中，水银足以浮起"司南之杓"。他们进行了实际实验，浮于水银之池的磁铁勺子，确可指南。

　　第二种类型的指南针，又称指南鱼。

　　天然磁石磨制的"司南之杓"虽可指南，但是有很多缺点。第一，磁性较弱，指南性能不强；第二，放在地盘或地池中，受到震动容易滑落或不准。所以，不便使用。到了宋代，就出现了另一种磁性指向仪器——指南鱼。

　　宋代初年，由曾公亮主编的军事著作《武经总要》中介绍了指南鱼。最晚在庆历四年（1044）已发明了指南鱼。

　　指南鱼是用薄铁片做成鱼形，然后将它人工磁化。人工磁化采用3种方法，其一是用磁铁在铁片鱼上摩擦，经过长时间摩擦，就达到了人工磁化的目的。

其二是将铁片鱼和磁铁长时间放在一个小盒内，也就达到了人工磁化的目的。其三是用钢片做成鱼形，将钢片鱼放在炭火中烧红，用铁钳钳住鱼头，拿出火外，将鱼尾正对北方，使鱼尾浸在水里，然后放入密封的盒子里，使其成为指南鱼。这是采取的地磁场磁化法。

为什么要将钢片烧红才能人工磁化呢？因为钢铁里面的每一个分子都有磁性的两极，没有磁化的钢铁薄片，它的分子排列无序，各个分子的磁性互相抵消了。如果将钢片鱼烧红，使其所有分子处于运动的活跃状态，由于地球磁场的巨大作用，就能使钢片鱼中的每一个分子顺着同一方向排列，具有了较大的磁性，又在冷水中迅速冷却，使排列顺序固定不动。这样，钢片鱼的磁化就完成了。

钢片鱼长2寸，宽5分，肚皮部分宽而向下凹陷，使它像小船一样，可以浮在水面上，其鱼头可以指南。

北宋沈括在《梦溪笔谈》中也写道："方家以磁石磨针锋，则能指南。"《梦溪笔谈》成书略晚于

《武经总要》。在19世纪现代电磁铁出现以前，几乎所有的指南针都是采用上述人工磁化方法制成的。

南宁陈元靓写的《事林广记》中，还记载了一种用木头做成的指南鱼。它是一条用木头做成的鱼，有手指大小，从鱼嘴向里挖一个洞，拿一条磁铁放入洞中，使磁铁条的S极向着鱼头，再用蜡封好。用一根弯针插入鱼嘴，针头露出水面，放入水中，针头的方向，就是南方。

陈元靓记的另一种指向仪器叫指南龟。它是将木头做成龟形，人工磁铁也是嵌入木龟腹中。但是，它的放置方法有了进步。木龟不是置于水中，而是将木龟腹部挖一小穴，将木龟放置在竹钉上，使其自由转动，停止时龟头与龟尾指向南北。这个固定的支点，又向现代的指南针跟进了一大步。

人工磁化的方法，在欧洲是英国科学家吉尔伯特于1600年首次记入《磁石》一书的。比我国晚了500多年。

在科技方面，博采广记的沈括实验了4种指南针的方式。第一，他将缝衣的钢针磁化，采用的也是摩擦传磁法，把磁化的钢针穿在灯芯草上，浮在水中。沈括认为这种方法太容易震荡，不太实用。第二，他将人工磁化的钢针顶在指甲上，停下时自然指南。这种方法不灵敏，也不十分准确。第三，他将磁针放在碗边上，也可指南，这种方法虽然灵敏却容易掉下来。第四，他将磁针悬挂在单丝上。这根丝必须是新茧中抽出的独丝，其弹性韧性都很均匀，没有扭转的毛病。这根磁针不是系上的，而是用芥子大的蜡粘上的。因为系上或拴上都容易扭结，产生偏转。沈括对第四种方法最满意，认为既灵活又实用。

磁针与罗盘的配合使用，始见于南宋。

曾三异在《因话录》中说："地螺或有子午正针，或用子午、丙壬间缝针。"

文中的"地螺"，即地罗，也就是罗盘。这一种堪舆用的旱罗盘，地盘呈环形，刻上干支、四卦，定出24个方位。让人一看便知磁针的方位。

曾三异的话告诉我们。这时已把磁偏角的知识应用到了罗盘上。罗盘的子午正针，是以磁针确定的地磁南北极方向；"子午、丙壬间的缝针"是指以日影确定的地理南北极方向；两个方向之间，有一个夹角，这就是磁偏角。

世界上最先发现磁偏角的是沈括，他在《梦溪笔谈》中记载人工磁化钢针指南时说："然常微偏东，不全南也。"

欧洲人首先发现磁偏角的是哥伦布，地点是由西班牙航行美洲的途中，时间是1492年，比沈括晚了400多年。

指南针用于航海与传播

指南针应用于航海，与我国大规模的航海实践有关，可以说是在大规模航海实践下应运而生的。

早在秦始皇时期，他就派出船队，到海上寻找仙人和仙药，欲求长生不老，永享人间富贵。

晋代的名僧法显，也曾航海到达印度。他曾写过一本《佛国记》，记述了航海与航船的情况，最大的航船可乘200多人。

唐代国力强盛，文化发达，科技进步。航船长20丈，可以乘坐六七百人。航行范围已由秦始皇的渤海、东海、南海、马六甲海峡、孟加拉湾，扩大到印度洋、阿拉伯海、波斯湾。每当阴云密布，大雾漫漫的日子，他们多么想找到一种不受天气影响的指航工具啊！

我国指南针用于航海，最早记载见于北宋。

北宋的朱彧在宋徽宗宣和年间（1119—1125），写了一本《萍州可谈》。他描述航海辨别方向时说：黑夜看星斗，白天看太阳，阴天时就只好看指南针了。

宣和五年（1123），徐兢奉命出使朝鲜，写了一本《宣和奉使高丽图经》。他记述说：船过蓬莱山以后，水深色碧，像蓝色的玻璃，浪涛滚滚，越来越大，夜间是不敢在海中停泊的。晴天看星斗，阴天就只好靠指南针来辨别方向了。

这说明指南针刚刚用于航海，他们使用的是浮在水中的指南针。只是阴天用指南针，晴天时还是按老习惯看日月星辰航行。

生活于12世纪的吴自牧，在《梦粱录·江海船舰》中记述说：浙江的海面上，阴天时风雨交加，全凭指南针航行，丝毫不敢差误，它关系到全船人的生命。

船从泉州出洋，航船走近海洋中的石礁时，海水变浅了，触礁船就会毁坏，全凭指南针沿着航路前进，稍有差错就会葬身鱼腹。

另一个生活在12世纪的赵汝适记述他从泉州到海南岛的航行时也说：从海南到吉阳，大海上渺茫无际，天水一色，只靠指南针航行，不敢有丝毫差错，因为关系到全船人的生死啊！

从11世纪朱彧的晴天看星头，阴天看指南针，到12世纪赵汝适时全凭指南针航行，大约在100年的时间里，指南针已由航海的辅助工具变成了唯一的指向仪器了。

我们的祖先将指南针用于航海，先是用水罗盘，以后是用旱罗盘。

北宋徐兢出使高丽时，用的是"指南浮针"；南宋朱继芳的航海诗也说："沉石寻孤屿，浮针辨四维。"

明代嘉靖年间，出现了旱罗盘。旱罗盘有木制与铜制两种，罗盘上刻着24个方位，只要将指南针对准罗盘的正南方向，就可以知道航向了。

旱罗盘比水罗盘优越的地方在于用钉子支于指南针的重心上，使磁针可以自由转动。旱罗盘使用固定的支架与钉针支点，免除了水面的荡漾。由于航船的起伏颠簸，水罗盘很难固定指出准确方位。而旱罗盘恰恰克服了这个缺点。

　　但是，中国的旱罗盘仍然有致命的弱点，当罗盘随着船体做大幅度摆动的时候，常使磁针过分倾斜而靠在了盘体上，无法转动而失灵了。到了16世纪，欧洲的航海罗盘出现了"万向支架"，又称常平架。它由两个铜圈组成，两圈的直径略有差别，使小圈正好切于大圈，并且用枢轴把它们连接起来，然后再用枢轴把它们安在一个固定的支架上。旱罗盘挂在内圈中。这样，不论怎样摆动船体，旱罗盘总能始终保持水平状态。

　　这种常平支架，我国早在汉晋时期就出现了。《西京杂记》记载：长安名匠丁缓发明了滚动香炉，它在被窝中使用，不论怎样转动，火和灰都漏不出来。小炉中两个连接的金属圈与"万向支架"的结构相同，只是它一直为少数统治阶级服务。1300多年后，欧洲人将它应用于罗盘针，才取得了前所未有的应用价值。

罗盘针用于航海，人们不断增加航海经验与记录。到元代已经摸索记录了一条条航路，这种航路因为依靠指南针记录，所以又称"针路"。

元代的《海道经》一书，所记罗盘针路，就标出了船行到什么地方，采用什么针位，一路航线一一标注明白。另一本《大元海运记》也是关于罗盘针路的专著。

元代周达观的《真腊风土记》记载航船从温州出发，去南洋各国，"行丁未针"。这是因为南洋各国都在西南方，所以，用南向偏西的丁未针位。

明代郑和下西洋，七次远航，积累了更多的针路图，进一步发展为航海图。

郑和的巨舰，从江苏刘家港出发，到苏门答腊北端，沿途航线都标有罗盘针路。在苏门答腊之后的航程中，又用罗盘针路和牵星术相辅而行。指南针为郑和开辟中国至东非的航线提供了可靠的保证，为后人留下了珍贵的航海资料。

　　指南针应用于航海，阿拉伯的海上商人首先学会了使用它。据宋代《诸蕃志》卷下记载：北宋海船已开到阿拉伯，阿拉伯商人乘船来中国做生意，学会了制造指南针。12世纪末，阿拉伯人将指南针用于航海，13世纪初传往欧洲。

　　欧洲人卡德说：第四次十字军东征，有一个叫维特利的僧人，他随军来到巴勒斯坦。他说指南针是中国人发明的，阿拉伯人先学会了它，后来传到了欧洲。

　　我国不仅最早发明了指南针，而且最早将指南针用于航海。这件事在人类历史上，有着非常重要的意义，人类有指南针从此有了辨识方向的眼睛。它促成了麦哲伦、哥伦布的环球航行，为资产阶级倾销商品和寻找殖民地开辟了道路。所以，马克思才说四大发明改变了世界事务的面貌。

推进文化之舟的风帆
——造纸术

　　您去北京的美术馆，参观一个古代的名人画展，那一轴轴价值连城的古画，多是画在精美的宣纸上。您去新华书店，想买一本心爱的新书，那琳琅满目的图书都是用纸印刷而成。您想念远方的朋友，想写一封传达思念的信，铺开的依然是洁白的信纸……

　　纸是人类科学文化的载体，被誉为推进文化之舟的风帆。但是，人类在寻找和发明书写材料时，却经历了漫长而又曲折的历程。

陶器上的图画与符号

在陕西省西安市的东郊，有一座拱形屋顶的宏伟建筑，它就是闻名中外的西安半坡博物馆。

在这里展出的是1921年开始发掘的我国新石器时代的仰韶文化遗址。

在半坡遗址中，发现了大量的彩陶，它向我们展示了距今六千年左右的仰韶早期的灿烂文化。

半坡先民们以彩绘纹样与器物造型相结合的彩陶艺术手法，鲜明地表现出了半坡氏族文化的特征。他们所描绘的寓意深刻的图案，映照出半坡先民斑斓多彩的生活。

半坡彩陶的图案花纹，种类丰富，样式繁多。以仿生物的纹样组成的图案，造型奇特，寓意深奥。以几何形组成的图案纹样，造型规范，结构缜密。

仿生性的花纹，有各种意趣生动的人、动物、植物的纹样。其中以动物纹居多，各种姿态的鱼，追逐的鹿、跳动的蛙、站立的鸟等等，其中，以鱼的样纹最多。

半坡彩陶的早期鱼纹是形象写实的意象纹样，或活泼，或平静，或迅猛，生动传神，惟妙惟肖。晚期鱼纹由写实变为写意，采取了夸张变形的艺术手法。

几何形的花纹，主要来源于纺织物的几何图案，如仿筐篮的编织纹理，仿竹条交叉的编织纹理，也有一个写实到写意的过程。

半坡遗址的彩陶上，不仅有千姿百态的纹样，还有笔画流畅的符号。从这些刻画符号的形状看，同后来出现的甲骨文十分相像，而且，刻画符号的数字文字与甲骨文基本相同或相近。所以，可以断定它属于象形文字系统，可能是中国汉字的起源之一。这种陶器口沿上的符号，共有23种，我们称为陶文。

我们讲述半坡遗址的彩陶，是因为仰韶文化的先民们，将彩陶当做绘画和书写的材料，这种洁净光润的陶土使绘画与刻写具有爽朗动人的风采。陶器可以说是人类最早尝试的书写与绘画的材料之一。

中药店里的新发现

清朝光绪二十五年（1899），清朝政府主管教育的官吏王懿荣得了病，他立刻请中医诊治。医生给他开的中药方上有一种药是龙骨。

封建社会里，龙是人们崇拜的偶像。皇宫里，丹堞前，旗帜上，到处画着张牙舞爪的龙。但是，真龙谁也不曾见过。中药方中的龙骨引起了王懿荣的好奇心，他拿着药方跑到中药铺一看，原来龙骨是一种圆形的骨壳和胛骨碎片。

王懿荣回到家里，又仔细察看所谓的龙骨，发现上面布满各种形状的刻纹。王懿荣推断这可能是一种古代的文字，就开始收集这种龙骨。经过一番寻访，终于弄清了真相，原来所谓的龙骨，是河南省安阳地区的农民从地下挖掘出来的，经过中药贩子之手，卖给了中药铺。

因为河南安阳是殷商后期的京城，所以龙骨出土最多。在郑州南郊二里冈、陕西邠县、山东济南大辛庄等地，也陆续地出土了许多所谓的龙骨。经过许多考古学家的精心研究，才确定龙骨上的刻纹是一种商代文字。因为多数刻在乌龟的腹甲和牛的胛骨上，所以称为甲骨文。

这种甲骨文距今已有3 000多年了，共出土16万多片。1977年在陕西省的周原地区，又挖出了15 000多片西周早期的甲骨。

商代人们为什么将文字刻在甲骨上呢?

商朝的统治者很崇信神仙和祖宗,他们敬神祭祖、征伐狩猎、求医治病等等,都要占卜吉凶,预测自己的命运。

甲骨是商代占卜的用具,他们先在甲骨上钻一个孔,再用火烤钻孔的地方,甲骨经火一烤,就出现了纵横的裂纹,主管占卜的官吏,就根据裂纹做出预测,并用当时文字,刻在甲骨之上。

这种从商代遗留下来的甲骨,不仅为我们保存了许多珍贵的历史资料,而且给我们提供了许多罕见的科技资料。例如,《殷墟书契后编》下九记载:"七日己巳夕,新大星并火。"译成现代的话,就是七日的黄昏有一个新星接近大火星(大火即心宿二)。据天文学家和历史学家考证,这里记载的是公元前1300年出现的一颗新星,这是迄今为止,世界上最早的新星记录。

商代的甲骨中,有几片整齐地刻着干支表,即以甲、乙、丙、丁、戊、己、庚、辛、壬、癸,与子、丑、寅、卯、辰、巳、午、未、申、酉、戌、亥相配，组成60甲子。如下表：

1 甲子	2 乙丑	3 丙寅	4 丁卯	5 戊辰	6 己巳	7 庚午	8 辛未	9 壬申	10 癸酉
11 甲戌	12 乙亥	13 丙子	14 丁丑	15 戊寅	16 己卯	17 庚辰	18 辛巳	19 壬午	20 癸未
21 甲申	22 乙酉	23 丙戌	24 丁亥	25 戊子	26 己丑	27 庚寅	28 辛卯	29 壬辰	30 癸巳
31 甲午	32 乙未	33 丙申	34 丁酉	35 戊戌	36 己亥	37 庚子	38 辛丑	39 壬寅	40 癸卯
41 甲辰	42 乙巳	43 丙午	44 丁未	45 戊申	46 己酉	47 庚戌	48 辛亥	49 壬子	50 癸丑
51 甲寅	52 乙卯	53 丙辰	54 丁巳	55 戊午	56 己未	57 庚申	58 辛酉	59 壬戌	60 癸亥

这几片甲骨没有烧灼的痕迹，不是占卜用的。它是专门用来记日的，可以视为今天的日历。这是世界上最早的日历。

《殷契佚存》374回的甲骨上，刻着如下的话："癸酉贞日夕又食，佳若？癸酉贞日夕又食，非若？"

"癸酉"是占卜的日期，"贞"是占卜，"夕"是黄昏。全文是占卜人问："癸酉日占卜，黄昏时有日食，是吉利还是不吉利？"

这是世界上最早的日食记录。

王懿荣在中药店里的新发现是有伟大贡献的，所谓的"龙骨"就是我们祖先最早使用的"纸"。这"纸"上的文字不是用笔写的，而是用刀刻的。

搬不动的书

商代的纸是甲骨，"笔"是钻和刀。到了春秋时期，刀逐渐被毛笔所代替，甲骨也被一种新的"纸"所代替了。这种新"纸"就是竹木简牍。

人们把竹简和木片削平后，再刮光，用毛笔把字写在上面。然后用绳子或皮带，把竹简或木牍穿起来，就成了一册书。册字古代写为"冊"，它是将一片片的竹简或木牍穿起来的！

古人称赞孔子读书非常用功，说他读《易经》时"韦编三绝"。"韦"就是穿竹简的皮带，"三绝"是说孔子多次翻阅竹简，把皮带磨断了三次。可见，孔子读的《易经》是写在竹简或木牍上的。

竹简是经过烘烤，滴出竹沥的竹片；木简是晒干的柳木和杨木薄片。简的长度不一，有3尺、2.4尺、2尺、1.5尺、8寸、5寸等多种规格。

牍比简宽厚，竹制称竹牍，木制称木牍。简多数写一行字，两行、三行者较少见；牍因宽些，写三行字者居多，写一行字者较少。牍的长度为2.4尺和1尺，2.4尺者用于写法律条文和经书，1尺者用于写信，所以人们又称信为"尺牍"。

向简牍上写字，还要准备一把刀，写错时可以随时削去重写，至今修改文章还称为删削。对县级以撰文为业的官吏称为"刀笔小吏"。

古代文献对竹木简牍的书籍有很多记载。

西汉时期，人们拆毁孔子的旧宅，在夹墙中，发现了许多竹简和木牍，有《尚书》、《礼记》、《论语》、《孝经》等几十篇儒家经典。

汉武帝时，鲁恭王刘余从孔子旧宅中所得《尚书》，因用汉以前古代文字所写，故称《古文尚书》，它与汉初伏胜传授的《今文尚书》（以汉时的当代文字所写）不同。后代学者有《尚书》的今古文之争。

据《晋书》记载：晋武帝司马炎时期，发掘汲郡的战国时魏墓，发现了大批竹简，记载夏、商、西周、春秋之晋国、战国之魏国的史事，经过整理，称为《竹书纪年》。

《左传》记载：公元前6世纪郑国的大夫邓析，曾作《竹刑》，这是一部把刑法写在竹简上的法律专书，写成于周敬王十九年（前501）。

地下发掘出的竹木简牍，已屡见不鲜，且数量巨大。

居延汉简出土于甘肃省北部的额尔济纳河流域。新中国成立前就出土1万多根，1972年和1976年又两次发掘，出土汉简约2万根，这是迄今为止，出土汉简最多的发掘。绝大多数是木简，少数是竹简，还有两幅木板画。已初步整理出70多册，记载的内容多为汉代历史。

1972年发掘了山东临沂银雀山汉墓两座，出土了极为珍贵的竹简。1号墓出土竹简4 942枚，整理出《孙子兵法》、《孙膑兵法》、《尉缭子》、《六韬》、《晏子春秋》、《墨子》等古书。《孙子兵法》有竹简105枚，1 000余字。《孙膑兵法》为初次发现，整理出233枚，6 000余字，它使失传已久的《孙膑兵法》再现人间，是最珍贵的先秦古籍。

1972年和1974年发掘的长沙市马王堆汉墓，出土了600余根竹简被称为"遗册"，上面写着随葬的物品名称和数量。

竹木简牍原料易得，价格便宜，书写也十分方便。作为书写材料，它是甲骨与陶器所无法比拟的。但是，它仍然有许多缺点，体积大，分量重，阅读与携带都不方便。

战国时的名家代表人物惠施，被誉为"学富五车"的饱学之士。他出游时，与弟子们乘一台车就够了，而装书的车却有5台。实际上，他5台车拉的书，如果用现在的纸来印，一书包也就装下了。司马迁的一部《史记》，写在竹木简上，就装了满满的一屋子，5台车还拉不完呢！

古代史学家颂扬秦始皇，说他事必躬亲，日理万机，不眠不休地批阅公文，一天看过的奏章竟有120斤重。其实不是秦始皇批阅的奏书多，而是写这些奏书的"纸"太厚重了。

汉代政治家东方朔进入长安，给汉武帝写了封奏书，竟用了3 000片木牍。写完了捆在一起，他搬不动，上朝时由两个身材魁伟的大汉抬着，还累得气喘吁吁。汉武帝翻阅时颇费力气，用了两个月的时间，才把奏书读完。他想把东方朔的奏书搬离书房，依然搬不动。

东方朔的奏书固然写得冗长，但最主要的还是写书的"纸"太笨重了。可见，竹木简牍作为书写的"纸"仍然不够理想。

"纸"字为什么是"纟"字旁

纸字以纟为偏旁，说明纸的诞生与丝有关系。

东汉学者许慎写了一本字典叫《说文解字》。他对纸字的解释是"纸，絮一苫也"。说明纸就是丝絮一片。

丝的制品很多，名称各异。古代用丝织品当书写材料，见于文献记载者，有素、绅、缣、帛等。

素是白色的生绢，正好写字。东汉的应邵在《风俗通》中说：光武帝刘秀迁都洛阳时，用2 000辆车拉以素、简、牍写成的经书与档案。可见白绢作为书写材料，已与简牍并用。

《论语》一书以记载孔子与学生们的言行为主。《卫灵公篇》中有"子张书诸绅"的记载。绅为丝织的宽大带子。

缣是双丝细绢，其白色者称缣素，极便书写与绘画。《宋史·张去华传》："命以缣素写其论为18轴，列置龙图阁之四壁。"夏文彦在《绘图宝鉴》中说："以淡墨写竹，整整斜斜，曲尽其态，见者疑其影落缣素。"可知缣已大量用于写字和作画。

帛是丝织物的总称。《墨子》一书说："书之竹帛，传遗后世子孙。"《汉书·苏武传》说："言天子射上林中，得雁，足有系帛书，言武等在某泽中。"到了唐代，有专供书写绘画的绢帛，称"朱丝栏"。

丝织品做"纸"用，十分昂贵，平民之家是无法问津的，它开始于宫廷和贵族之家。

汉武帝征和二年（前91），汉武帝生大疮，太子刘据到甘泉官来看他。汉武帝平时就说太子刘据鼻子太大，又有毛病，显得丑陋。绣衣使者江充欲害太子，就建议太子用纸把鼻子盖上。武帝问太子为什么用纸把鼻子盖上？太子无言以对，江充又挑唆说太子嫌武帝的疮脓太臭。武帝勃然大怒，太子慌张逃跑。

后来，太子卫与皇后出兵讨伐江充，兵败出逃，自杀于湖县。武帝发现江充诡诈，也夷其三族，造成了历史上的一次悲剧。

太子卫盖鼻子的纸，是漂丝的下脚料，又称"赫蹏"。

汉成帝元延元年（前12），成帝刘鳌宠爱赵飞燕姐妹，飞燕被立为皇后，其妹立为昭仪，姐妹二人红极一时，专横跋扈。

宫中有个叫曹伟能的宫女，生了一个男孩。按封建礼法，宫女一旦为皇帝生了儿子，就会身价大增，受到封赏。飞燕的妹妹十分嫉恨伟能，更怕因为自己不曾生育，从此受到成帝的冷漠。于是，她就把伟能送进冷宫，并让人送去用两张"赫蹏"包着的毒药，上边写着"告伟能，食此药"。伟能没有办法，只好含恨而死。

关于包药的两张"赫蹏"到底是什么？历代考据学家做过许多解释。东汉应劭做出了令人信服的解释，他说这两张"赫蹏"，就是以丝为原料的纸。

丝绵主要用途不是做纸，而是做衣料。我们祖先把煮过的蚕茧平放在竹席上，把竹席再放入河中洗泡敲打，丝绵做成后，从席子上揭下来，结果，竹席上还粘挂着一层薄薄的丝绵下脚。这层薄薄的丝绵下脚不能做衣料，就被钟鸣鼎食的贵族之家做纸用了。

这就是上边说过的太子卫盖鼻子的纸和赵飞燕妹妹包毒药的"赫蹏"。因为这种纸是用蚕丝做的，所以，纸字用"纟"为偏旁。

用丝绵的下脚做纸，既好用又轻便，书写、保存、携带都很方便。但是，它有一个致命的弱点，就是太稀少，太贵重。除了帝王将相、富商地主，谁能用得起呢！

用丝绵和丝绵下脚做纸，虽然有缺点，但丝纸的制造过程，却给人一个可贵的启示，即只要能找到一种类似丝的纤维物质，并来源广泛，价格便宜，就可以造出理想的纸了。

有关蔡伦造纸的争论

历史上的传统意见，认为纸是由蔡伦总结经验，创造发明的。依据是东汉刘珍等人编著的《东观汉记》。

《东观汉记·蔡伦传》说："典作尚方，造意用树皮及敝布、渔网作纸。元兴元年奏上之，帝善其能，自此莫不用，天下咸称蔡侯纸。" "典作尚方" 是说蔡伦曾任掌管宫廷制造刀剑玩好器物的尚方司长官，"元兴元年" 是公元105年。南北朝时范晔撰《后汉书·蔡伦传》沿袭了这一说法，遂有蔡伦造纸之说，流传了1 500多年。

由于考古工作者不断从地下发掘出蔡伦以前的纸，蔡伦造纸的传统意见开始动摇。

1933年考古学家黄文弼在新疆罗布泊附近的烽燧亭中掘得一块麻纸，长100毫米，宽40毫米。同时出土的文物，有黄龙元年（前49）的木简，认定此纸大约早于蔡伦造纸150年左右。

1957年又在西安市灞桥砖瓦厂古墓中，发现了三块铜镜下垫的纸88张，大者10厘米×10厘米，小者3厘米×4厘米，经鉴定也是麻纸。古墓的年代不晚于汉武帝时期，也早于蔡伦造纸。

20世纪70年代又在内蒙古居延地区的金关，发现了西汉宣帝甘露二年（前52）的居延金关纸残片。进一步证明了西汉已造纸的意见。

蔡伦以前就有造纸的看法，唐、宋学人早就提出过。只是当时没有地下发掘的实物证明。

南宋陈槱的《负暄野录》说："盖纸旧亦有之，特蔡伦善造尔，非创也。"

南宋史绳祖的《学斋拈毕》也说："造纸'不始于蔡伦'，'精工于前世则有之'。"

宋元之交的胡三省为《资治通鉴》做注时说："俗以为纸始于蔡伦，非也。"

虽然造纸的技术不始于蔡伦，但是，蔡伦对造纸的功绩是不能抹杀的。

蔡伦是东汉和帝时桂阳人，即现在的湖南省耒阳县。蔡伦家境贫寒，从小入宫当太监，初任小黄门，后升中常侍，参与国家机要大事的磋商，深得和帝信任。

他在任尚方令时，监造刀剑和宫廷玩物。他总结前人经验，带领工匠们研究磋商，经多次实验，终于用麻头、树皮、破布、渔网等为原料，将其切断，剪碎，放在水中浸泡，捣成浆状，经过蒸煮，在竹席上摊成薄片，晒干之后，就成了体轻质薄的植物纤维纸。

汉和帝永元十七年（105）蔡伦将植物纤维纸献给皇帝，皇帝表彰他的功绩，并通令全国仿制蔡伦的纸，称为"蔡侯纸"。

蔡伦造纸之功，历来受到人们的敬仰。他的家乡耒阳，到唐代还保留他的旧居，旧居前有一南池，池边有一石臼。相传是蔡伦造纸时捣碎原料所用。唐代耒阳县吏李悬特地将石臼送往长安，献给皇帝，作为珍贵的文物保存起来，可见人们对蔡伦的怀念。蔡伦的家乡湖南耒阳县至今还有供奉他的庙宇。他的墓地在陕西省洋县龙亭铺，也有纪念的庙宇，游人如织，焚香顶祝。就连日本造纸工人，早期也供奉他为祖师，科学的福荫遍及全世界。

这位对人类文明作出巨大贡献的伟人，卷入了宫廷的政治斗争。他虽然官越做越大，被封龙亭侯，长乐太仆。因受窦太后指使诬陷安帝祖母宋贵人，窦太后崩，安帝亲政，蔡伦被赐死，饮药自杀。丑恶的宫廷斗争埋葬了他，但他在科技史上的贡献是永垂不朽的。纸对人类科学文化传播的功绩是怎么估计也不会过高的。

古纸的原料和工序

中国古纸的原料据宋初的苏易简在《文房四谱》中记载："蜀中以麻为纸……江浙间多以嫩竹为纸，北土以桑皮为纸，剡溪以藤为纸，海人以苔为纸，浙人以麦茎、稻秆为之者，脆薄焉。以麦藁、油藤为之者，尤佳。"这段记载的原料是准确的，最主要的原料是麻、藤、竹3种。

上文记述的在新疆罗布泊、陕西西安灞桥、内蒙古居延发现的古纸残片，经化验皆以麻为原料。

唐代记载典章制度的书《唐大典》中说：朝廷的法令，谕示和训令要用四川的麻纸写；开元年间（713—742）两京内府藏书一律用益州麻纸抄写；每月按规定赐给集贤院学者麻纸5 000张。唐宋又规定封王，任命将相等重大事件诏书必须用麻纸书写。通事舍人或侍臣宣读诏书时，有不识之字或断句错误，须有人在旁低声提示，称为"把麻"。苏颂曾对此写诗说：

"起草才多封卷速，把麻人众引声长。"

唐代藤纸也盛极一时，据《元和邵县图志》记载：专门进贡藤纸的州县有杭州、衢州、婺州、信州等地，最有名的是杭州由拳村所产的"由拳纸"。

唐代规定征召、赏赐、宣索、惩处专用白藤纸，太清宫荐告词文专用青藤纸，宫廷一般诏书专用黄藤纸。著名书法家米芾（1051—1107）曾赞扬藤纸说："台藤背书滑无毛，天下第一余莫及。"陆羽也在《茶经》中盛称藤纸："剡藤纸厚密，用于贮炙茶，使不泄其香也。"

竹纸的记载，最早见于唐代李肇的《唐国史补》，他说广东韶关用竹制笺。稍晚的段合路在《北户录》中提到浙江的睦州盛产"竹膜纸"。

竹纸虽然唐代已开始生产，但传播不广。宋代大诗人苏轼在《东坡志林》中说："今人以竹为纸，亦古所未有也。"周密也在《癸辛杂识》中说："淳熙（1174—1189）末，始用竹纸。"但是，到了南宋嘉泰（1201—1204）年间，使用就很普遍了。《嘉泰会稽志》说："剡之藤纸，得名最旧，其次苔笺，今独竹纸名天下。"

造纸的工具和工序，宋应星的《天工开物》和杨钟羲的《雪桥诗话续集》中均有详细记载。

造纸的主要工具是帘模。纸浆的纤维悬浮于水槽之中，由帘模捞上来薄薄的一层，榨干后就成了一张纸。

宋应星在《天工开物》中画出了帘模图。这种帘模以竹丝制成，有纵横框架支撑。

工序的第一步是原料加工。以竹纸为例，首先是砍竹。芒种时登山砍竹，截为5—7尺长的竹竿，放入装满水的塘中，浸沤100天左右，再加工捶洗，剥去青皮（叫杀青）。

经过浸沤、剥皮的竹料再涂石灰浓浆，放入锅内煮8昼夜，取出洗净，再浸以灰浆，放到另一锅中，加稻草，再煮沸，经10余天，纸浆烂而发臭，放入石臼内舂碎如泥，即可放入纸浆槽中待用。

第二步是抄纸。纸浆槽一般是长方形，视帘模大小而定。纸浆倒入槽中，待漂浮沉淀到水下3寸时，加入一种起漂白作用的水溶液，混溶之后，就可以抄纸了。

把长方形的帘模沉入纸浆中，视纸之厚薄，定提帘之深浅。在浅处振荡提帘纸就薄，在深处振荡提帘纸就厚。提出水面，渗去流水后，倒扣在一块木块上，一张张叠在一起。

第三步是干焙。抄出的纸张达到一定数量，上下各加一块木板，以绳索扣扎，像榨油一样挤压榨干；然后，用小镊子一张张揭开，放到用砖垒的火墙上焙干，就是粗糙的成品了。

杨钟羲所记造纸工序为12道，与宋应星所记大同小异，但有所进步。

其工序为：1.砍竹：取嫩者，并去梢；2.提纯纤维：去皮去壳等；3.蒸煮，捆扎浸浆后蒸煮；4.洗料：冲洗晾晒；5.曝料：放鹅卵石上晒干；6.灰沤：用灰汁沤后再蒸3次；7.礁舂：纸料舂成泥浆；8.提浆料：用细布袋滤掉灰汁；9.作浆槽：以石料凿成；10.造竹帘：以细竹丝织成；11.榨干水分：放石板上，满100张榨一次；12.焙干：贴火墙上烘干。

繁花似锦的加工技术

唐宪宗元和年间（806—820），四川成都的长江岸边，有一座面向长江的望江楼。唐代有名的才女薛涛，凭窗远眺，心潮激荡。因为她刚刚收到一封元稹寄来的信，想起他们多年的交往，有一种友爱涌上心头。花间柳下，咏月吟风，碧玉粉笺，常托情思。于是，她走回案边，提笔给元稹写了一首新诗，寄赠元稹，作为回信：

诗篇调态人皆有，细腻风光我独知。

月下咏花怜暗淡，两朝题柳为欹垂。

长教碧玉藏深处，总向红笺写自随。

老大不能收拾得，与君开似教男儿。

元稹为什么给薛涛写信呢？是因为他最近读了李商隐的一首诗，那诗中有一句盛赞薛涛的诗，他就抄了寄给薛涛："浣花笺纸桃花色"，"浣花笺"是薛涛自制的信笺纸，因为她定居浣花溪而得名。

浣花笺是薛涛自行设计与染色的小信笺。它是用芙蓉花的汁加入芙蓉皮为原料的纸浆中，制成的桃红色的信纸，它代表了我国造纸技术中染色的精品，深得文人墨客的喜爱。

我国对纸施以染色，现知最早的记载出于《汉书》的注文。前边提到的"赫蹏"，三国时孟康注释说："染纸素令赤而书之"，说明已开始将纸、帛染成红色写字了。

公元4世纪，后赵国君石虎的诏书用5种颜色分类撰写。梁简文帝大宝元年（550）赏赐群臣，其中有四色纸3万张，说明萧纲登基时，染纸的数量已经很大，技术渐趋成熟。宋朝的造纸名家谢师厚，造出了"谢公十色笺"，有深红、粉红、杏红、明黄、深青、浅青、深绿、浅绿、铜绿、浅蓝10种颜色。明清时期，无锡县盛产朱砂笺，是以天然矿物颜料朱砂染成。这种朱砂笺书写春联，贴于屋内和屏风，"历数十年，殷鲜不改。"这说明染色的技术与质量是十分高明的。

砑光也是古纸的加工技术之一。古代的砑光有两种技术，一种是螺壳与磨石的碟磨砑光法，另一种是用打纸槌的槌打砑光法。

东汉末年，砑光技术已取得很大进步。有一位叫左伯的师傅，人们称他的砑光纸"研妙辉光"。

北魏宣武帝延昌二年（513）的写经纸，保存于敦煌千佛洞，这种纸的砑光水平较左伯纸又有提高，显得更平整与光滑。

唐代剡溪的砑光技术最有名，诗人皮日休称赞剡溪的藤纸莹滑光润，作诗说："剡藤光如日。"宋代剡溪藤纸的砑光技术更加精益求精，色泽明亮，光辉夺目。欧阳修写诗颂扬说："剡藤莹滑如玻璃。"

　　古纸由互相交织的纤维薄片组成，纸面凸凹不平，常有透光之处。印刷时会从反面洇透，称为漏印。为了解决透印和改善纸的平整度，人们采取填粉的技术，又称涂布。即在纸面涂一层加胶的白粉，填平纤维的空隙。

　　最迟在晋代，我国已采取了填粉技术。在新疆吐鲁番地区，曾出土过一张写着《三国志·孙权传》的晋代古纸，表面所涂白粉，经化验是由白垩、石灰和蜃灰等制成。在新疆哈拉和卓地区还出土了一张前凉建兴三十六年（348）的古纸，也采用了填粉技术。

　　北宋著名书法家米芾题写的《苕溪诗》，收藏在故宫博物院，所用楮皮纸，就是经过填粉和砑光处理的楮纸，表面平整而光滑。

　　使用填粉技术的涂布纸，在欧洲是18世纪出现的。美国造纸史专家亨特指出，1764年库明斯在英国首次获得涂布纸的技术专利权。比在新疆出土的晋代涂布纸晚了1416年。

　　古纸的第四种加工技术是涂蜡。涂蜡是为了增加纸的透明性，用于临摹书画，还具有防水性能。

　　唐代涂蜡染檗的硬黄纸，用于书写和绘画者最多。唐朝初期抄写的《法华经》藏于敦煌，就是以麻为原料的硬黄纸；辽宁博物馆收藏的唐人书法摹本《万岁通天帖》与北京图书馆收藏的《无上秘要》手写本，都是唐朝中期涂蜡硬黄纸。

　　涂蜡有黄白两种，故宫博物院收藏的唐代手写本《刊谬补缺切韵卷》就是双面涂以白蜡并砑光的硬白纸。还有一种粉蜡纸，唐代著名书法家褚遂良书写的《枯木赋》，智永书写的《千字文》都用的粉蜡纸。

　　北宋文学家苏轼写的《三马图赞》用的是经过砑光的白蜡纸；宋徽宗赵佶草书《千字文》是用的泥金绘云龙纹粉蜡氏。

　　国外的涂蜡技术是1866年在欧洲首次出现，比我国唐代的蜡笺纸要晚1000多年。

　　我国的古纸加工技术，最值得称道的是防蛀技术。

古书中有一种身披银鳞的蠹鱼虫，专吃纸中的胶质和糨糊，咬碎大批的古籍，为防备这种害虫，古人采取了染纸避蠹的技术。

我国很早就采用了以黄檗汁染纸防虫的技术。3世纪时，东汉刘熙将潢字释为染纸。西晋时陆云给哥哥陆机写信说：哥哥的文集20卷，已印完11卷，庆当用黄檗汁浸纸。

北魏（386—534）时期著名农学家贾思勰将黄檗染纸的方法写入了《齐民要术》，详细记述了黄檗汁提取法和如何节约黄檗原料，称为"染潢"。

黄檗为何可以防虫呢？因为黄檗树皮含有小檗碱、黄檗碱和棕榈碱等生物碱。生物碱是具有碱性的含氟有机物，有较强的杀虫作用。

由于"染潢"的纸具有防蠹作用，书画家多数都使用它。东晋书法家王羲之、王献之父子多用黄纸书写。据《太平御览》记载不学无术的司马难消，竟将黄纸卷在红轴上堆起来冒充名人书画和古代典籍。这说明了"染潢"的技术是很普遍的。敦煌石室保存的从晋至宋1000多年的经卷，大多是经过"染潢"处理的。

南宋时，出现了具有防蛀作用的浸椒纸，用这种纸印的书没有一页被虫咬蚀。建阳出产的黄椒纸最有名。

椒纸为什么能防蛀呢？因为花椒皮中含柠檬烯、枯醇和香叶醇等挥发油，它性热味辛的特点都具有杀虫之效。花椒果实中含有香茅醛，根中含有白鲜碱、小檗碱等生物碱，都使蠹虫望而却步。

宋孝宗淳熙三年（1176），皇帝赵昚因为所要的书多为虫蛀，就命令以"枣木椒纸各造十部"，因为椒纸"可以杀虫，永无蠹蚀之患"。

古代的防蛀技术，还有一种叫"万年红"的封衬纸，这种防蛀纸上涂有橘红色的染料，这种染料具有防虫作用。

同样收藏于中国历史博物馆的明代崇祯四年（1631）的《梦溪笔谈》加了初纸"万年红"就一直完好无损，未被虫蛀。而明代正德十一年（1516）本《说纂》未加"万年红"初纸，就被虫蛀了。

这种橘红色的染料，主要成分是四氧化三铅、碱性硫酸铅和一氧化铅。这些成分含有剧毒，其微量就可使蠹虫致死。

这种"万年红"防蛀纸，流行于明清时期，这种防蠹纸简易适用，效果显著，药力持久，色泽鲜艳，增强美感，是我国劳动人民的卓越发明。

我国的古纸加工技术，还有印花、粘接、洒金，限于篇幅，不再一一介绍了。

纸中名品数宣州

中国历史上所产各种名纸，应首推宣纸。它莹润洁白，绵密柔韧，韵墨均匀，不易虫蛀，有"纸寿千年，百折不损"的盛誉。

我国大书法家郭沫若赞扬说："宣纸是中国劳动人民所发明的艺术创造，中国的书法和绘画离了它，便无以表达艺术的妙味。"

鲁迅提倡木刻，将宣纸寄给前苏联木刻家，前苏联专家回信说："印版画，中国宣纸第一，举世无比。它湿润柔和，敦厚吃墨，光而不滑，实而不死，手拓木刻，它是最理想的纸张。"

传说清代嘉庆（1796—1820）年间，宣纸已远销欧洲。一束宣纸做成的纸花，在英国伦敦市场上可以卖70个基尼金币（折合人民币500多元）。可见它是何等昂贵。

我国的宣纸早已名扬四海，誉满全球了。

宣纸从唐代起被定为贡品，随贡的名品纸还有表纸、麦光纸、白滑冰翼纸、白滑纸、七色纸等。

宋代宣纸在泾县开始生产，始于曹氏家族。现在，泾县是宣纸最大的生产基地。因为这里山多地少，又盛产檀皮。宣纸是当地百姓的衣食之源。

元明两代，宣纸有了进一步发展，新名笺不断出现。如蜡砑五色笺、花格白鹿笺、松花笺、月白笺、罗纹笺等等，都是特制艺术精品。

清代宣纸名品近百种，分生熟两类。生宣有单宣、夹贡宣、罗纹宣、玉版宣等，以泾县东乡泥坑的"汪六吉宣纸"最有名；熟宣有虎皮宣、珊瑚宣、冰琅宣、云母宣、泥金宣、蝉翼宣等，熟宣经过了加工和染色。

清代乾隆年间，宣纸出现了从未有过的繁荣景象。皖南山区家家户户从事造纸业。古人写诗称赞纸业的繁忙景象：

山里人家底事忙，纷纷运石叠新墙。

沿溪纸碓无停息，一片春声撼夕阳。

1000多年来宣纸一直是文房四宝中的佼佼者，它洁白坚韧，白色柔和莹润，光洁可爱。它白得稳定，久藏不黄；它坚而柔韧，轻飘绵软，却抖而不裂，折而不断。特别是它的湿强度高，韵墨性能好，浸水后用手拾起，也不破碎，墨迹沾水也不渗化，千百年后，仍能墨色如初，成了书画装裱的极好材料。

宣纸为什么能有如此的特点呢？这与它的传统生产工艺有关。

宣纸的主料是青檀树皮，檀皮纤维长而柔韧，抗拉力强。纤维粗细均匀，细胞壁薄，所以吸墨力强而均匀，受水不变形，沾墨不起拱。

青檀树皮的处理过程是浸水，石灰泡料，发酵、蒸煮、摊晒、日光漂白、洗料、选料、切碎、打浆、抄纸、焙干、整纸等工序和操作。传统工艺整个过程需300天。

现代的打浆工艺是用打浆机切碎，使纤维帚化；宣纸采用石臼春捣，使纤维帚化，保证了纤维长而帚化度低，保证了宣纸的柔韧和绵软。

宣纸采用古代工艺的两次上浆法，竹廉在木槽中来回各抄一次，比一次上浆法纤维交织均匀，结构细密，表面光洁，吸墨性强。

宣纸及其传统工艺，是中华民族的宝贵财富。我国特有的书法与绘画艺术，正是借助于宣纸才千载流芳，名扬四海。

白纸无脚走天涯

纸作为重量轻、价格廉，便于书写的材料，它比埃及的纸草，印度的贝叶，欧洲的羊皮更管用，更便捷。所到之处，备受欢迎，处处生根开花，很快传遍了五大洲。

纸和造纸术最先传入了近邻朝鲜。据日本历史古籍记载，西晋太康六年（285）朝鲜半岛南部的百济国王仁博士携带《论语》10卷，《千字文》1卷，到达日本。说明西晋以前，纸已传入了朝鲜。

造纸技术传入朝鲜，大约是东晋时期。晋孝武帝司马曜太元九年（384），摩罗难陀和尚奉命从山东出发，扬帆渡海，到达朝鲜半岛的百济国。摩罗难陀行人带了大批经书，他自己又懂得造纸技术，向国王献上了经卷，并介绍了造纸技术，被国王礼为上宾，从此，造纸技术在朝鲜传播开来。

造纸术在朝鲜得到广泛的传播，并有新的创造。朝鲜的"鸡林纸"可以两面印刷，为我国宋代工匠所喜爱，宋代古籍就有许多用"鸡林纸"印刷。明代的《蕉窗九录》有高丽纸一条，其文曰"色白如绫，坚韧如帛，用以书写，泼墨可爱。"这说明中朝两国在造纸技术上是互相促进、互相学习的。

纸传入隔海相望的日本，是借助于朝鲜的王仁博士。王仁带着大批书籍赴日，被日本国王聘为太子的老师，讲授中国古籍中的儒家学说。

造纸术传入日本，也是朝鲜和尚的功绩。隋炀帝大业六年（610）昙征渡海去日本，他把造纸技术和制墨方法教给了日本人，日本摄政王圣德太子下令设厂造纸，推行全国。后来又派人到中国学习造纸和种楮，造纸业在日本日益兴盛起来。

中国的造纸术，最晚在西晋已传入越南。陆玑在《毛诗草木鸟兽鱼虫疏》一书中，已提到越南所造的谷皮纸。

纸和造纸术传入印度，也是和尚的功绩。这些佛门弟子有坚定的信仰，不畏千难万险，往来于中印之间，传经送宝。唐代的玄奘就是一个典型的代表。但是，他取回的经书还都写在贝叶上。7世纪以前，印度没有纸张，大量的佛学经典，都是写在晒干的贝多罗树叶上。

7世纪末，印度的梵文中，出现"纸"字。以后从印度传来的经书，写于贝叶者越来越少，抄于纸上者则越来越多，印度普遍用纸大约在11世纪。

纸和造纸术传入孟加拉的时间，大约与印度相同，纸的普遍使用当迟于印度。明永乐三年（1405）郑和航海经过印度与孟加拉，随行的翻译马欢在《瀛涯胜览》里提到"榜葛刺"（即孟加拉）造的纸"光滑细腻如麂皮一般"，这说明孟加拉的造纸技术已很高超，一定走过了很长一段里程。

纸传入阿拉伯各国，是通过"丝绸之路"。它和丝绸、瓷器、茶叶一起，运往了阿拉伯各国，最迟在4世纪末阿拉伯各国已用纸写经了。

在吐鲁番和田出土了一批西晋隆安三年（399）的古

纸，这些古纸上，不但有波斯文写的《圣经》，而且还有用希腊文写的《圣经》赞美诗，这是纸传入阿拉伯的确证。

阿拉伯人学会造纸技术，与唐玄宗时期的一次战争有关。天宝十年（751），唐朝的安西节度使高仙芝带领军队，与大食（阿拉伯帝国）的齐牙德·衣布·噶利率领的军队交战，结果，高仙芝被打得大败，许多唐朝士兵做了俘虏，其中不少人曾是造纸工匠。

阿拉伯人发现了这批造纸工匠，就在撒马尔罕设立了造纸厂，大量生产纸。不久，阿拉伯人自己也学会了造纸技术。

10世纪，阿拉伯学者比鲁尼在书中写道："中国战俘把造纸术传入撒马尔罕，从那以后，各地都办起了造纸厂。"

公元793年伊拉克的巴格达建立了阿拉伯人的第二家造纸厂。这个造纸厂依然使用了一批中国工匠。

公元795年，在叙利亚的大马士革出现了阿拉伯湾的第三家造纸厂。

阿拉伯人的造纸厂，把纸源源不断地运往欧洲和北非，他们对中国造纸术的传播起了桥梁的作用。

大约公元900年前后，阿拉伯人越过红海，把造纸技术教给了埃及人。埃及的第一个造纸厂设立于非洲北部海岸的亚历山大市。阿拉伯人和埃及人使用了多年的"纸草"逐渐退出了生活的舞台，开始进了历史博物馆。

　　公元1100年，摩洛哥的非斯也建立了造纸厂，造纸技术在非洲传播开来。非洲人结束了把纸草切成薄片，放到板上压平，然后写字的做法。他们不仅写字用纸，连包装香料、蔬菜也用纸了。

　　纸传入欧洲，是经过小亚细亚的大马士革、土耳其的伊斯坦布尔，传入威尼斯的。大约是12世纪的初期。

　　在此之前，欧洲人先用蜡板记事，后使用埃及的"纸草"。5世纪时教会的僧侣从小亚细亚人那里学会了用羊皮和牛皮写字，抄写一部《圣经》要用300张羊皮。价格昂贵，又不便携带。

　　当阿拉伯人的纸张源源运入威尼斯的时候，非洲的埃及人和摩洛哥人越过直布罗陀海峡，来到了西班牙。公元1150年在西班牙的沙迪瓦城建立了欧洲的第一家造纸厂。

　　公元1180年造纸术越过比利牛斯山进入法国，

在法国南部的赫洛尔城建立了欧洲第二家造纸厂。从此，法国成为了欧洲纸张供应中心和造纸技术的中转站。纸张不断运往荷兰、比利时和德国。

公元1276年，意大利人在蒙第法诺城建立了造纸厂，接着，巴士亚、特里伐索、波伦亚、佛罗伦萨、米兰、威尼斯也纷纷建立造纸厂。意大利成了又一个造纸中心，产品纷纷运往瑞士、德国。

公元1320年，德国在美因茨和科隆分别建立了造纸厂，1391年德国又从意大利招收大批工匠，在纽伦堡建立了造纸厂。德国是第三个欧洲纸张输出国，产品运往波兰、瑞典、丹麦等国家。

欧洲的教会势力和统治者，曾想阻止造纸术的传播。教会僧侣认为用纸写公文是低贱的事情，德皇腓特烈二世也曾下令公文一律写在羊皮上，违者严惩不贷。但科学技术的传播是任何人也阻挡不住的！

造纸术1320年传入比利时，1323年传入荷兰，1460年传入英国，1491年传入波兰，1532年传入瑞典，1540年传入丹麦，1560年传入芬兰，1567年传入俄国，1654年传入挪威。至此，中国的造纸术传遍了欧洲大陆。

公元1575年，西班牙人把造纸术带到了美洲，在墨西哥的喀堪城建立了美洲第一家造纸厂。1690年荷兰人在费城，建立了美国的第一家造纸厂。1803年造纸术传入加拿大，在魁北克建立了造纸厂。北美洲普遍有了造纸厂。

19世纪初，造纸术传入澳洲的墨尔本。至此，中国的造纸术传遍了五大洲。从蔡伦造出写字的"蔡侯纸"到欧洲的第一家造纸厂，经历了1000多年的历程。蔡伦逝世距今也有1800多年了。但他的名字将永铸科学史册，他的科学发明的福荫早已遍及了全世界。

推动科学前进的螺旋桨
——印刷术

当您打开课本，阅读课文时；当您每天早晨走向报亭，去看当天的新闻时；当您走向琳琅满目的图书市场，去购新书时，您是否想过印刷术的重要呢？

如果没有印刷术，我们能够供应千千万万学生的课本吗？如果没有印刷术，报纸能印出当天的新闻吗？如果没有印刷术，人类怎样传播科学与文化呢？

您想知道人类在发明雕版印刷以前，所走得艰难历程吗？您想了解我国在发明活字印刷以前所经过的曲折道路吗？那么，请与我们一起去追溯印刷术的源头吧！

印刷术的第一个老前辈——印章

印刷术有一个发生发展的历史。追根溯源，它最老的前辈应该是印章，即手戳。印章在我国已有3000多年的历史了，非常普及，几乎人人都有印章，那是他们领工资、取邮包的凭证啊！

印章就是在石料、木料等材料上雕记的图形与文字，或者用青铜铸成图形和文字。现存最早的印章，是从战国墓中出土的4个铜印，有阴文，也有阳文，清晰遒劲。

我国最早记载印章的书是《周礼》，"掌节条"说有："货贿用玺节。"汉代郑康注说："玺节者，即今之印章也。"这种印章是货物交换时加盖的检印。

《左传》记载：鲁襄公十九年（前544），鲁国的季武子兵临卞城，让公冶问鲁侯玺印之所在，想取而得之。鲁侯告公冶，季武子欲取卞城，诈言卞叛，并赏给公冶礼服，争取公冶站在鲁侯一边，使季武子索取印章的目的没有达到。这说明春秋时，印章是诸侯权力的象征。

唐代《通典》说："三代之制，人臣皆以金玉为印。"认为印章始于夏商周，夏代尚无文字，不可能有印章，始于商周则是可能的。

您看过以战国时代邯郸之战为内容的电影《绝代佳人》吗？那位通性机敏的"佳人"如姬，胆大心细，从魏安厘王身边偷出了调动军队的印章——虎符，才能使信陵君调动魏军，大败秦军。如姬才成了绝代佳人，信陵君救赵才成了历史上的千古佳话。印章在历史上曾起过多么重要的作用啊！

在"战国何纷纷，兵戈浮乱云"的时代，提倡合纵的政治家苏秦游说诸侯，纵横捭阖，竟挂了六国相印。

秦始皇统一全国，夺得了那块秦昭王要用15座城换取、蔺相如用生命保卫了的和氏璧。他用这块稀世珍宝，刻成了皇帝的印章——玉玺。从此，"玺"成了皇帝印章的专用字，别人不许再用了。

到了汉代，皇帝的印章依然称玺，俸禄两千石以上的官吏图章称为章，两千石以下的官吏图章称为印，而一般人的图章称某某私印。印章的使用已非常广泛。

秦汉的印章还只是人名与简单的图形，可是，到了东晋，有些道教的教徒，为了散发他们的符咒，扩大了印章的面积与字数。有一颗雕刻符咒的图章，在4寸见方的枣木上，刻了120个字，已经是一篇短文了。

到了南北朝时期，木印更进一步扩大，最大者长一尺二寸，宽二寸五分，它是一块名副其实的印刷用的雕版了。

雕版印刷术就这样，由印章一步步发展而来，所以，我们说印章是雕版印刷术的老祖宗。

印刷术的第二个老前辈——石刻

为印刷术铺平道路的第二个老前辈是石刻。它的历史也像印章一样年代悠久，源远流长。

我国现存最早的石刻是春秋时代的10个石鼓，这10个石鼓是在陕西省凤关怀县发现的。它们在地下历尽沧桑，出土后又久经风雨剥蚀，有一个已一字不存，其他的四面刻字，每个石鼓上刻着一首有韵的诗。

《史记》记载：秦始皇东巡曾刻石七次，想让自己的赫赫武功和统一大业流芳千古。他在峰山、泰山、琅玡、会稽、芝罘的石刻，都是类似石鼓的立石。峰山的石刻仍十分完好，泰山的石刻也还有残迹。

汉代以后，石刻范围逐渐扩大。除石鼓、立石之外，还有刻碑、刻经、摩崖、建筑石刻、砖瓦石刻等等。其中，刻碑与刻经与印刷术的发明有直接关系。

汉代凡是记事文字需要传之久远的，就用石碑刊刻，这种风气十分盛行。

汉武帝实行"罢黜百家，独尊儒术"之后，儒家经典受到特殊重视。读书人互相传抄，十分混乱，造成以讹传讹，谬误百出的现象。

东汉熹平四年（175），蔡邕请求汉灵帝刘友把儒家经典刻在石碑上，作为读书人校正的标准，汉灵帝批准了这一请求，组织人力进行了大规模的刻经。

当时石刻的经典有《鲁诗》、《尚书》、《仪礼》、《易经》、《春秋》、《公羊传》、《论语》等等，这次刻碑是空前的壮举，有些石刻至今还被保存着，称为熹平石经残片。

汉灵帝又批准将这些石刻立于当时的最高学府——太学门前。刚立起来的时候，洛阳鸿都门外（大学所在地），每天车水马龙，川流不息，抄写的人摩肩接踵，熙熙攘攘。后来人们嫌抄写费时费力，就把纸铺到石碑上，刷墨捶打，由于碑上的刻字是凹下去的阴文，把纸从碑上揭下来，就出现了黑底白字的碑文。

一张张的碑文，从石碑上拓印下来，就集成了《尚书》、《春秋》、《论语》等书。石刻就是这样一步步为雕版印刷术铺平了道路。

人们自然会想到石刻费力，木刻简便，为什么不可以把经书刻在木板上加以拓印呢？于是，就真的这样做了。

唐代大诗人杜甫写诗说：

"峄山之碑野火焚，枣木传刻肥失真。"

难道我们不可以把这种枣木雕刻的碑文拓印叫做

雕版印刷吗？

雕版印刷术的发明

前边的叙述，使我们看到图章和石刻为雕版印刷铺平了道路。雕版印刷术的诞生已是水到渠成、瓜熟蒂落的事了。

雕版印刷是印章与石刻结合的产物，是两者取长补短的结果。印章大多数刻的是阳文，字凸起来，便于印刷，缺点是面积太小，刻的字少。石刻刻的是阴文，字凹下去，不便印刷，优点是面积很大，字数很多。

人们自然而然地开始雕刻大面积的阳文木板，开始印刷常用的历书、佛教经书等。但是，雕版印刷开始于什么时候？它是谁发明的呢？历史上却没有准确记载，但我们却可以肯定地回答：雕版印刷是劳动人民集体智慧的产物。

在坚硬的岩石上，千锤万击的是谁呢？只能是石匠。只有他们那双长满老茧的大手和千万次的实践，才能在石碑上刻出清秀隽永、雄浑遒劲的字迹。在玉石和木料上巧运雕刀的又是谁呢？只能是雕刻工匠和民间艺人，只能是通过他们长年累月的精雕细刻才创造了那典雅秀润的印章和栩栩如生的砖木雕刻，使它成了一朵千载不凋的艺术之花。

雕版印刷术的发明时间，隋代费长房的《历代三宝记》认为始于隋代，但是，没说明具体年代。明朝陆琛的《河汾燕闲录》说开始于隋文帝开皇十三年（593）；明朝邵经邦的《弘简录》认为始于唐太宗李世民时期。

贞观十年（636），长孙皇后病逝，宫人把她编撰的《女则》送唐太宗御览。唐太宗为了纪念长孙皇后命令用雕版印刷刻印了《女则》一书。

清代王士桢《池北偶谈》支持《河汾燕闲录》的看法，认为始于隋代。唐代元稹为白居易诗集《白氏长庆集》所写的序文说的白居易的诗集是用雕版印刷所刻印。《隋书》与《北史》也都认为雕版印刷始于隋代。

故应该说雕版印刷始于隋代，大批开始用于印书是在唐代。《旧唐书》记载：唐文宗大和九年（835）12月，东川节度使冯宿到任，见集市上到处都是私人雕版刻印的历书，经过调查才知道，剑南、两川、淮南都私印历书，而且赶在官印的历书之前上市。冯宿认为这有失政府的尊严，奏请皇帝明令禁止。唐文宗立即发布诏书，严禁私印历书。

黄巢起义席卷全国，攻克长安，唐僖宗逃往四川，跟随他逃到四川的柳玭，在《家训》中记载：成都的书市，随处可见雕版印刷的阴阳、占卜、杂记之类的书籍，而且多数是民间私印。

皇帝逃往四川，唐王朝岌岌可危，司天台不再发布历书，也没人发布诏书禁止民间私印历书了。于是，私刻历书遍及全国。

唐僖宗中和元年（881），有两个私刻历书的人在大月小月上差了一天，都说自己的正确，互不相让，就去找县官评理。县官竟然做和事佬，劝他们说：你们的差别仅仅是大尽小尽而已，都是做生意的，差一天又有什么，就互相谅解吧！

从皇帝明令禁止刻印历书，到县官亲自劝解吵架，既说明政府已不再禁止私刻历书，也说明雕版印刷术在民间的使用更加广泛了。

现在世界上保存下来的最早雕版印刷品，是我国唐代咸通九年（868）的《金刚经》。最初收藏于敦煌千佛洞，1900年被一个姓王的道士发现，书末有"王玠于咸通九年四月十五日为双亲刻印"的字样。

《金刚经》是长卷型雕版印刷品，长1丈6尺，由7个印张粘接而成。最前的扉页是释迦牟尼给弟子们说法的图画，神态生动，浑朴凝重。其余是《金刚经》全文，雕刻精美，刀法纯熟，墨色均匀，笔画清晰，说明了当时的雕版技术已经达到了十分纯熟的阶段。

书是世界上最早的雕版印刷古籍，图是保存至今的世界上最早的木刻版画，令人气愤的是这件稀世珍宝，1907年被帝国主义分子斯坦因偷走，现存英国伦敦博物馆。

在欧洲现存最早的、有确切日期的雕版印刷品，是德国的《圣克利斯托菲尔》画像，刻印时间是公元1423年，晚于唐代刻印的《金刚经》600多年。

五代时期，首开官府大规模雕版印刷之先河。历任五朝宰相、太师、太傅的冯道，虽然历代史书对其多有微词，但是，后唐长兴三年（932）他倡导刻印儒家经典，在田敏领导下校对与刊刻的"五代国子监本"《九经》，是中国古籍中的珍宝。历时22年才全部印完，冯道与田敏在中国印刷史上是应该占有一席地位的。

宋太祖开宝四年（971），张徒信在成都雕印全部《大藏经》，这是中国古代印刷史上一次印量空前的壮举。这套大书历时12年，共印1 076部，5 048卷，雕版13万块。宋代最著名的刻工是蒋辉，他刻的书流行于浙江、福建一带，刀法纯熟，字迹精美。

宋代已经出现铜版印刷，多数铜版用来印刷钞票，因为铜版印刷线条细密，图案复杂，不易仿造。上海博物馆收藏的北宋"济南刘家功夫针铺"印刷广告铜版，是宋代掌握雕刻铜版技术的确证。

雕版印刷中的最突出成就是彩色套印技术。

北宋初年，我国出现了最早的纸币，称为"交子"，这也是世界上最早印刷的纸币。为了防止伪造，四川的"交子"，盖有红黑两种印记。不久，又出现了用红、蓝、黑三色印制花纹的印记，这已经为彩色套印铺平了道路。

元朝末年，我国终于发明了用红黑两种颜色的套印技术。办法是设计两块大小一致，框边完全吻合的雕版，一块刻红色字或画，一块刻黑色字或画，分两次印刷，称为套印。

元代至元六年（1340），中兴路（现湖北江陵县）用朱、墨两色套印了《金刚经》，这种《金刚经》保存至今，是世界上现存最早的彩色木刻套印本。比欧洲第一本彩色印的《梅因兹圣诗篇》要早170年。

明代万历年间，彩色套印进一步发展，闵齐伋、凌汝享、凌濛初等都是彩色套印的能工巧匠。彩色套印技术与版画相结合，便产生了鲜丽夺目的套色版画，明代崇祯十七年（1644）胡正言的《十竹斋笺谱》就是保存至今的精品。它深得鲁迅与郑振铎先生的喜爱，堪称彩印古版画的艺术珍品。

印刷术中的新飞跃——活字印刷

雕版印刷已是很大的进步，一本书雕一次版就可以印千百本，免去了抄书的费时费力，免去了传抄时的错漏讹误。但雕版印刷仍是有缺点的，雕版时太费工，一部大书要刻好多年，如《大藏经》就费时12年。如果雕版只印一次就废了，则更可惜。

宋代庆历（1041—1048）年间，印刷术中产生了更伟大的发明，劳动人民出身的毕昇创造了活字印刷术。

毕昇发明的活字印刷技术，由沈括记入了《梦溪笔谈》。他用胶泥做成一个个的活字，然后用火一烧，变得十分坚硬。制版时先放一块平铁板，板上放上松香、脂蜡、纸灰、圈起四框，框里排好泥活字，用火一烤铁板，松香、脂蜡就熔化了，粘住了泥字。再用另一块铁板将字压平，就可以印刷了。

印完一本书，用火一烤铁板，香松、脂蜡再次熔化，泥字自然脱落，还可再次排版用。用过的泥活字依然按声韵排列，便于选择。

常用字做几十个，生僻字现做现烧。为提高效率，准备两块铁板，一块印刷，一块排字，交替使用。

毕昇还试过木活字，他说因为木质纹理不同，受水后膨胀，木字高低不平，不便印刷；木活字粘上松香、脂蜡又不易弄掉，不及泥活字好用，就废止了。

毕昇的创造已经具备了现代印刷术的3个基本步骤：制造活字、排版、印刷。

毕昇的发明并非轻而易举。清朝安徽省泾县一个叫翟金生的塾师，想仿制毕昇的泥活字，费时13年，才造成10万个泥字，果然可以烧得像牛角、骨头一样坚硬。

翟金生不仅烧制了泥活字，他还用泥活字试印了一本《泥版试印初编》。他的实际仿制和试印，打破了过去许多中外学者对毕昇发明泥活字的怀疑——认为泥活字脆弱易裂不能印刷的无知妄说。

元朝时期，有人试制过锡活字，这是世界上最早的金属活字。由于锡不粘墨，印字不清楚，没有通行。

元朝的王祯再次制造木活字，由于选料精良，终于造成了可以用于印刷的木活字。他用木活字印成了《大德旌德县志》，全书6万字，不到一个月，就印了100部。

他把木活字的制造方法，记入了《农书》。他在任旌德县尹期间，于大德元年（1297）至二年，设计试制了木活字。他先在一块木质均匀的木板上刻好字，再用小锯把每个字锯开，并用刀将四面修光，每块修得大小、高低一样。然后，将木字排入木盘，每排一行，就用削好的竹片隔开，并用木屑将字塞紧，使其不能移动，这样就可以印书了。

王祯造的木活字，共有3万多个。他将这些木活字放入自己发明的转轮排字架。他用木材做了两个直径7尺的大轮盘，一个叫韵轮，一个叫杂字轮，不常用的木活字排入韵轮，常用的之、乎、者、也等和数目类木字排入杂字轮。排版时，一人念原稿，一人站两轮中间，转动木轮，进行捡字，十分方便。

王祯之后，木活字开始用于印刷。清乾隆三十八年（1773），清政府曾用枣木刻成253 500多个木活字，先后印成《武英殿聚珍版丛书》138种，2 300多卷。这是我国印刷史上以木活字印刷的最大丛书。

明孝宗弘治元年（1488），无锡的毕燧发明了铜活字。他用铜活字印刷了《容斋三笔》。清代的陈梦雷又用铜活字印刷了《古今图书集成》，共5 000多册，10 040卷。这是用铜活字印刷的最浩大的工程。

像毕昇这样一位对世界科学文化传播作出巨大贡献的发明家，我们对他的生平几乎一无所知，除了他是"布衣"出身以外，历史上竟再没有任何记载，实在令人遗憾。

活字印刷术的世界性贡献

活字印刷术对世界文明产生了广泛的影响。它首先传入了近邻朝鲜。北宋端平元年（1234），朝鲜仿制泥活字成功，称为"陶活字"。据张秀民先生研究，日本收藏的《性理喻林》、《古今历代撮要》，就是泥活字印本。

朝鲜泥活字之后，又创造了铜活字，朝鲜使用铜活字先于我国，这是朝鲜人民对世界的重大贡献。朝鲜的铜活字铸造由太宗李春芳主持，明代永乐元年（1403）朝鲜成立铸字所，铸字数十万，称为"癸未字"，其后又由李葳主持铸造了精美的"甲寅"和"庚子"两种铜活字。"甲寅字"被誉为"朝鲜万世之宝"。宋端平元年（1234），晋阳公崔怡用铜活字印成《详定礼文》28本。

朝鲜也仿制过木活字，明洪武九年（1367），用木活字印刷了《通鉴纲目》。明万历二十年（1592），日本侵略朝鲜，抢走了木活字、铜活字。

日本称木活字为"一字版"。明万历二十一年（1593），日本用木活字印了第一本《古文孝经》，现已失传。现存最早的日本木活字印刷品是文实禄五年（1596）印刷的儿童读物《徐状元补注蒙求》。现存最大的木活字印刷本是《大藏经》，自明崇祯十年（1637）开印，至清顺治五年（1648）印完，共印6 323卷。

日本用万历三十五年（1607）得自朝鲜的铜活字，印行了《六臣注文选》，万历四十四年（1616），印行了《群书治要》。因为铜活字不够，便请汉人林五官等人增铸，于京师召五山僧校正。这部《群书治要》是朝、日、中三国技术合作的结晶。

中国木活字也传入了越南，明代天顺六年（1462）印刷了中越唱和诗。清康熙四十二年（1703）印刷了《新编传奇漫录》。道光二十一年（1841）越南向中国购买了大量木活字，咸丰五年

（1855），印刷了《钦定大南会典事例》，光绪三年（1877），印刷了《嗣德御制文集》。

明弘治五年（1492），活字印刷术传入西亚各国。波斯在大布里士城印刷纸币，把中国的"钞"字印了进去，是仿照中国的证明。

印刷术又从西亚传入非洲。14世纪埃及在法雍发现了10件印刷品，与中国印刷方法相同。16世纪摩洛哥也开始了活字印刷。

我国的活字印刷术是从新疆到波斯（伊朗）、埃及，传入欧洲的。明正统十年（1445）德国人戈登堡发明了金属活字，景泰七年（1456），德国人谷腾堡在梅因兹用活字印刷了《四十二行本圣经》，又称《谷腾堡圣经》。接着，活字印刷术传入了意大利、瑞士、捷克、法国、荷兰、比利时、西班牙、英国等。约于16世纪传入莫斯科。

恩格斯针对印刷术对欧洲产生的影响评价说："印刷术的发明以及商业发展的迫切需要，不仅改变了只有僧侣才能读书发展的迫切需要，而且改变了只有僧侣才能受高级教育的状况。"

17世纪印刷术传入南北美洲，首先是墨西哥、秘鲁学会了活字印刷。崇祯十一年（1638），美国麻省剑桥开始活字印刷，很快传遍了各主要城市。

嘉庆七年（1802）澳洲悉尼出版了活字印刷书籍。至此，活字印刷术传遍了全世界，它造福于人类的功绩是永垂史册的。

如果说植物纤维纸是推动文化之舟的风帆，那么印刷术就是科学飞腾的螺旋桨。它们对世界科学文化传播所作的贡献，是怎么估计也不会过高的。

印刷史上新的革命

印刷技术从雕版印刷到活字印刷，从泥活字到木活字、铜活字、铅活字，一步步前进，一步步革新，经历了几千年。

20世纪70年代，印刷技术经历了一场新的革命，那就是电子计算机走进了印刷界，它的到来，宣告了"铅与火的时代"结束了，引起了报纸、出版、印刷各种行业的突变。

长期以来，印书印报一直是一种繁重的手工劳动。排字工一个一个地捡字、排版；铸字工人在烟尘滚滚的铸字炉旁，熔铅铸字，拍打字形，浇铸铅版；再把沉重的铅版装上印刷机、一页一页地印出来……

铅字有毒，工作环境又烟熏火燎，工人劳动时又脏又累，效率却又差又低。

"科学技术是第一生产力。"电子计算机一进印刷厂，情况就大不相同了。

采用电子计算机打字排版，并控制激光束进行照相制版，实现了排版印刷工艺的自动化。从而结束了几千年来的刻模、铸字、捡字、拼版、浇版等繁重复杂的劳动。

印刷厂里那些陈旧的机械设备，连同有毒的铅块和火焰喷射的熔炉，都退出了历史舞台，让位于电子计算机和激光照排的新设备了。

首先采用电子计算机印刷技术的是报纸。20世纪80年代后期，许多报社采用了以电子计算机为中心的自动编排印刷，有些著名的大报率先实现了报纸工作的电脑化。

在实现电脑化的报社编辑室里，再也听不见轧轧的打字声，却到处闪耀着电脑的视屏。

报社与各地的记者保持着24小时的联系，记者发出的新闻稿一律储存进计算机，分类登记，并打出清样。

编辑用计算机加工稿件，用键盘进行增删插改，可随时向总编室报告改好的稿件。总编也是通过终端的银屏，审定编辑送审的稿件，决定弃取及版面安排。

总编室根据整页的版面设计，将标题、文稿、照片等组合成"大样"。过去"大样"作业要在宽大的台板上进行，十分麻烦费力。现在微缩到计算机的视屏上进行，调整更新版面，放大缩小标题，改变字体字号等等，都通过按键和鼠标器来完成，迅速准确，大大地提高了工作效率。最后，由大样印字机在普通纸上印出逼真的清样，供检查使用。

通过最后检查，在终端机上发出照排命令，由电子计算机控制激光照排机进行照排，使激光在感光底片上扫描打点，激光见光打点，使底片感光；无光则不打点，底片就不感光，整个版面照排完成，就构成了完整的版面底片。然后，用版面底片制成很薄的富有弹性的印刷用铝板，重量只有铅版的1%。

把铝版卷在轮转印刷机上，即可进行快速印刷，一台轮转机可印一百几十万份。

电子计算机还实现了捆包、分发自动化。电子计算机可依据地址的信息条纹读出地名，将捆好的报纸按地点分选、装车，送往读者手中。

由于采用激光照排机和转轮印刷机耗资较大，一时还难以普遍采用。20世纪80年代后期轻印刷系统异军突起，迅速地占领了许多印刷阵地。

它不像激光照排系统那样技术复杂、设备庞大。被称为桌上印刷系统，由微型机、图像扫描仪、激光印刷机、静电制版机、小型胶印机等组成。

它用键盘输入文稿，用图像扫描仪把照片、图像资料一一输入，用微型机进行编辑修改，版面设计，最后由激光印刷机印刷。

最近几年，美国出现了一批"家庭出版社"。这些出版社既没有排字房，也没有印刷机，所有资产只是一部微型机和一部几千美元的激光印刷机。编辑在微型机上检字、排版，用激光印刷机印刷出来，即可装订成册。

　　轻印刷系统的兴起，家庭出版社的出现，是电子计算机应用于印刷业的结果，将对印刷业产生重大的影响。

　　电子计算机由美国的阿塔纳索夫、莫克利和英国的威尔克斯发明与制造。20世纪50年代，电子计算机进入了实用期；70年代电子计算机应用于新闻出版与印刷书报。英文、拉丁文、法文、德文等利用电子计算机较方便，而汉字是方块字形，字数多笔画又繁多，应用计算机则较难。但中华儿女在利用这一最新科学成果时，不甘落后，勇攀高峰。

　　1983年，中国科技大学无线电电子学系的毕业生王永民，创造了"五笔字型"汉字输入法。

　　这种汉字输入法的创造经历了艰难曲折的道路。1968年毕业于中国科技大学的王永民，最初被分到四川省永川的山沟里，因重病不愈，调回家乡河南南阳地区科委。1978年他接受了"汉字校对照排机"的科研任务，经过5年的努力，经过了多次的失败，他终于有了新的进展，即常用的一万多个汉字，可用600种字根组成。1982年他公布了自己的科研成果，世界上第一个《汉字字根组字频度表》和《汉字字根实用频度表》，完成了汉字编码基础理论方面的开创性工作。

王永民已经看到了胜利的曙光，他继续向深度和广度进军，又经过一年的奋斗，他按汉字的横、竖、撇、点、折5种笔画，精选出120种字根，并将汉字的构成分为上下、左右、杂合3种字型和单、散、连、交4种结构，又对笔画、字根、字形、结构进行科学的分区归位，最后，巧妙地配置在25个键位之上。这样，在电子计算机上输入汉字竟比输入英文少了一个键位！

"五笔字型汉字输入法"具有易学、高效、任意造字造词、联想输入、繁简兼容、实用性广等优点，使汉字输入计算机的速度在世界上首次突破了每分钟百字的大关。

1983年8月，"五笔字型汉字输入法"通过专家鉴定，被认为是具有世界先进水平的汉字输入法。汉字输入电子计算机速度落后于西方文字的时代，一去不复返了。

"五笔字型汉字输入法"很快获得了英、美、中三国专利。1987年5月美国著名的电脑公司DEC公司购买了它的专利权，这是电脑领域我国第一个出口的专利发明。我国90%以上的电子计算机用户采用了"五笔字型汉字输入法"。它也被新加坡、马来西亚等地的电子计算机用户采用，美国和联合国总部也采用了它。它已成了风靡全球的汉字输入法。

　　1975年以北京大学计算机科学技术研究所教授王选为首，组成了"计算机激光汉字编排系统"的科研集体，经过10年艰苦的努力，于1985年5月18日研制成功了"华光计算机——激光汉字编辑排版系统"。参加研制的有北京大学、山东潍坊电子计算机厂、无锡电子计算机厂、邮电部杭州522厂等单位。

　　这个计算机系统包括系统主机、照排控制机、激光照排机、激光印字机、汉字终端等设备。

　　系统主机处理主要的排版工作，由软件按用户要求实现排版，并控制整个照排过程，软盘存放要排的小样文件，外存磁盘一部分用作精密字模库，存放汉字压缩信息，共存汉字9种字体，16种字号，每种7 000

字左右。

照排控制机为Am2900位片微处理机组成，实现高速文字还原产生汉字点阵，进行完全不失真的快速文字变倍，并按排版要求形成版面信息，提供给激光照排机和激光印刷机，汉字生成速度为每秒420个5号字。

激光照排机有滚筒式和平版转镜式两种。滚筒式输出速度为每秒60个5号字，底片尺寸为372mm×565mm；平版式输出速度为每秒90个5号字，输片方式为连续式，可自动收片。

激光印字机可在普通纸上印出与照排结果相同的大样。纸面幅度为250mm，速度为每秒13.7mm。

汉字终端用笔触式汉字键盘和标准字符键盘，笔触式汉字键盘盘内汉字及符号近3 000个，盘外汉字及符号由盘内字符拼写，标准字符键盘，采用五笔字型编码方案。配有显示器，进行输入和编辑校改。

王选等研制的"华光计算机——激光汉字编辑排版系统"，已广泛应用于报纸与书刊的编辑印刷，使我们的印刷业正在逐步与"火与铅的时代"告别。它是印刷技术的一次真正的革命。

炸碎骑士阶层的发明
——火药

继1620年"现代实验科学真正鼻祖"培根和1861年共产主义理论创始人马克思对四大发明给予高度评价之后，共产主义理论的另外一位创始人恩格斯对火药也给予了高度评价。

伟大的革命导师总是把科学发明与社会变革联系在一起。恩格斯指出：火药"不仅对作战方法本身，而且对统治和奴役的政治关系起了变革作用。""以前一直攻不破的贵族城堡抵不住市民的大炮；市民的枪弹射穿了骑士的盔甲。贵族的统治与身披铠甲的贵族骑兵队同归于尽了。"

坚石高墙壁垒森严的城堡，保不住封建贵族的统治；身骑快马手执利剑的骑兵抵不住大炮的轰炸与火枪的射击；帮助新兴资产阶级摧毁封建主统治的火药竟来自于遥远的东方，来自于历史悠久，科技先进的古老国家。

火药是炼丹家的发明

战国、秦汉时期，国王和皇帝总想长生不老，永享人间荣华富贵。于是，就有一些人投其所好，自称能炼出长生不老药来。这些人多数住在深山幽谷，采药炼丹，火药就是这些人发明的。

秦始皇就想长生不老，多次派人到海上去寻仙求药，结果，却中年早逝，只活了49岁。

汉武帝长生心切，想成为神仙，既求神仙、又炼丹药。有一个叫李少君的道士，告诉他虔诚地祭祀灶神，用黄金制的碗吃饭，天长日久，可以长寿，可以成仙。这是以黄金延年益寿，炼制丹药的开端。

现在传世的第一本炼丹著作是《参同契》，作者是魏晋之交的魏伯阳。魏伯阳与徒弟们笃信丹药可以长生不老，可以得道成仙。魏伯阳炼出仙丹，先给狗吃了，狗被毒死，众人惧怕中毒，皆有散去之心。魏伯阳为表示对神仙与丹药的虔诚，他又亲服丹药，当然也中毒而死。他的徒弟们不言师傅死亡，而说他"尸解"了。他的小徒弟敬仰师傅，也跟着服下丹药，也随之"尸解"了。

到唐代，丹药之风大盛，皇帝带头服食丹药，以求长生。唐代的皇帝有5位：宪宗、穆宗、敬宗、武宗、宣宗都是为求长生，服丹药而死。

宰相中李泌、刘晏、卢钧、李德裕皆好神仙之术，将领中安禄山、高骈、董昌都爱道士之方。武将李抱真对丹药长生之效深信不疑，连服丹药2万粒，终于中毒而死。这股迷信之风，危害之大，可见一斑。

但炼丹家们的工作也有成功的一面，即在烧炼丹药的浓烟烈火中，古代化学逐渐取得了一些成就。而火药的发明是其最大的功绩。

唐代炼丹家孙思邈，也是一位伟大的医药学家，传说他活了100多岁，多次拒绝隋文帝、唐太宗的诏聘，不肯做官，全心全意致力于医药，为百姓驱灾除病。

正是唐初的孙思邈，将火药最初的炼制方法，写入了《丹经》一书。书中的"伏硫黄法"：把硫黄、硝石各二两，研成粉末，放入砂锅，再挖一个坑，把锅子放入坑内，锅顶与地面平齐，用土把锅的四周填实。再把3个皂角子烧红成炭，逐个放入锅里，不小心会起火。说明孙思邈已掌握了硝石、硫黄、木炭放到一起会起火的知识。

唐代中期的《真元妙道要略》记载：把硫黄、雄黄、硝石放在一起，密闭加热，曾起火烧了手脸和房屋。

在唐中期另一本炼丹专著《铅汞甲庚至宝集成》卷二中，记载了清虚子的"伏火矾法"。取硫二两，硝二两，马兜铃三钱半。研成细末，拌均匀，也放入药罐内烧热，将弹丸大小的红炭放入罐中，有浓烟升起。

以上三书的记载说明唐代已熟知硫黄、硝石、木炭，混合后加热可以起火的知识。

汉代的《神农本草经》把硝石、硫黄都列入药品。药分上、中、下三品，硝石是上品药，硫黄是中品药，这两种药与木炭混合，加热可以起火，所以称为"火药"。

现代的黑色火药成分就是硝石，木炭和硫黄，一般比例是75：15：10。唐代记载的3个火药实验，成分都有硝石、木炭和硫黄，只是比例还不科学。但是，它们已是名副其实的火药。

北宋曾公亮等于庆历四年（1044）编写的《武经总要》记载了3个十分详细的火药配方，现将工艺流程列表如下：

《武经总要》火药配制方法

品名 \ 数量（两）\ 制法		粉碎	混合	搅匀	包装	成品
硫黄	14	粉碎筛过	合成混合粉末	搅匀冷却，合成膏粉	包纸五层，缠麻一层，浸透松脂	成品火药每锭五斤
窝黄	7					
焰硝	40					
砒黄	1	磨成细面				
定粉	1					
黄丹	1					
干漆	1	粉碎				
竹菇	1	炒成碎末				
麻菇	1					
松脂	14	熬匀	合成热膏			
黄蜡	0.5					
桐油	0.5					
浓油	0.01					
清油	0.01					

火药的最初应用

火药的发明与应用始于何时？还有另一种说法，认为火药发明与应用于隋代。

主张火药始于隋代的人，主要依据是明代罗顾《物原》上说："隋炀帝益以火药为杂戏。"另一条根据是隋炀帝《正月十五日放通衢建灯夜升南楼》诗中有两句：

"灯树千光照，花焰七枝开"。

从表面看是已经用火药做游戏，在正月十五放烟火了。其实不然，"隋炀帝益以火药为杂戏"是孤证，没有根据。"花焰七枝开"也不是烟火，而是形容树上挂的灯火。

大约在宋末元初，火药才用于制造烟火。书画家赵孟頫写诗说：

人时巧艺夺天下，炼药燃灯青昼同。

柳絮飞残铺地白，桃花落尽满阶红。

纷纷灿烂如星陨，耀耀喧阗似火攻。

后夜再翻锦上花，不愁零乱向东风。

这里诗人描写的才是真正的烟火。

火药发明之后，最初也不是用于娱乐游戏，如烟花、爆竹之类，而是应用于军事。

火药应用于军事，大约在唐代末期。最初使用的武器是一种"飞火"。

宋代的路振在《九国志》中记载：唐哀帝天祐初年（904—905），郑璠攻打豫章（今南昌），"发机飞火"，把龙江门烧得起火，他率战士冒火登城，被烧多处。五代末北宋初许洞解释"飞火"是火炮和火箭。"火炮"这个名称不见于火药为军事家采用以前，而见于以后。因此，火炮无疑是要用火药的。

关于火箭还有一则外国人记载的史料。14世纪末，赫伯特·瑟姆来中国，他在自己的书中记录了一个中国官员的实验。这位勇敢的中国官员叫万户，坐在有靠背的圈椅上，椅子的后下方捆放了47支火箭，他的两只手拿着两个大风筝做翅膀，他想借助火箭的推力和风筝的浮力把自己飞上天空，结果失败了。

现在看这位官员也许觉得很好笑，但他两手举风筝式的翅膀，火箭向后喷射的力量推着他的座椅前进，这多么像现代喷气式飞机的原理啊！他不怕摔死，亲身做实验，也是十分可贵的。

宋代的火药武器

宋代初年，火药武器的记载屡见于史书。

宋太祖开宝三年（970），冯继升发明了新的火药箭，可以飞向敌营烧毁营帐，宋太祖因此赏赐给他丝帛衣物。宋太祖开宝八年（975），攻击南唐时，使用了火炮、火箭。这两种武器一直保存了150多年，钦宗靖康年间被金军掠去。

真宗咸平三年（1000），神卫水军队长唐福又向政府献上所制的火箭、火球、火蒺藜，政府用金钱奖励他。咸平五年（1002），冀州（今河北省冀县）团练使石普上书说他能制造火球、火箭等火药武器。真宗赵恒召他进京，亲率宰相与百官看他的火药武器表演。这说明宋初对火药的发明一直实行积极的奖励政策。

宋代为抵御外侮，在开封已建立了火药武器制造厂。宋敏求在《东京记》中说：东京的火药工场分八作司，十一目：火药第一，沥青第二，猛火油第三……另有金、木、皮、麻等目。制造的武器有火药箭、火药鞭箭。

宋代的另一个兵工厂，见于南宋理宗宝祐五年（1257）的报告。李曾伯去静江（今广西壮族自治区桂林市）调查兵备，提到荆州的火器工厂，一个月可制造1 000—2 000只铁火炮。

宋代的燃烧性火器主要是火炮与火箭。

钦宗靖康元年（1126），金军围攻开封，姚仲友建议在金军攻击最猛烈的东城，用500人射火箭；金人掘地道攻城，宋军点草熏之，又放火炮于草中，烧伤金军。

宁宗嘉定十四年（1221），金人攻蕲州（今湖北省蕲春县），宁将赵诚之坚守25天，有弩火箭7 000支，弓火箭1万支，蒺藜火炮3 000具。

宋代的爆炸性火器，早期有"毒药烟球"，爆炸后以毒药伤人和施放烟幕；"蒺藜火球"爆炸后以铁蒺藜等杀伤敌人，特别用于炸伤敌骑兵。中期发明了"霹雳火"，用火锥烙球，声如霹雳。钦宗靖康元年（1126），李纲守卫汴京，就用"霹雳炮"击退敌人。

南宋高宗绍兴三十一年（1161），宋金隔河布阵，两军战于扬子江上，宋军使用霹雳炮，其声如雷，散石灰如烟雾，迷人、马眼睛。宁宗开禧三年

（1207），金军攻襄阳，守将赵淳用霹雳炮，金军惊逃，自相践踏，死伤惨重。

南宋端宗景炎二年（1277），元军攻广西静江（今桂林），部将娄铃辖率250人死守。元军合围十余日，内无度日之粮，外无援救之兵，娄铃辖率众殉国，用一大火炮将250人炸成灰烬。元军记述说：声如雷霆，烟气满天，城壁皆崩，其威力不亚于巨型地雷。

宋代的管形火药是陈规发明的。高宗绍兴二年（1132），陈规守德安（今湖北省安陆县）时，发明了用巨竹为筒身的火枪。这种枪由两人操作，一人持枪，一人装入火药，临战时点着，喷烧敌人。这是射击性管型火器的鼻祖，是火药武器史上的一次飞跃，火药史专家认为管形火器才是真正的火药武器。这种"火枪"不同于过去在杀伤武器枪尖上装放火药的火枪，也不同于火药鞭箭式的火枪。

南宋理宗开庆元年（1259），寿春府（今安徽省寿县）发明了另一种管型武器"突火枪"。它以巨竹为筒，内装火药、"子窠"。临战时点火，喷放火焰，火焰尽后，射出"子窠"，响起炮声。"子窠"

是现代枪炮子弹的先祖，"突火枪"堪称现代枪炮的鼻祖。

金元两朝的火药武器

宋、辽、金、元之间，战争频繁，金兵在进攻南宋的战争中，学会了使用和制造火药武器。金军攻陷汴京，得到了宋军制造火药武器的全部资料与技术，并组织俘虏中的宋朝工匠制造火药武器。

金代的火药武器不仅用于战争，民间还有人用于捕获野兽。金世宗大定末年（1188—1189），阳曲（今山西省太原市）郑村有一个捕狐为业的"铁李"，他隐藏在狐群必经之路的树上，树下三面设肉，狐群到达时，他掷下爆炸的"火药罐"，其声如雷，吓得群狐慌不择路，纷纷落网。可见，金代的火药武器使用之广泛。

金宣宗兴定五年（1221），金军攻蕲州（今湖北省蕲春县），使用了"铁火炮"。赵与衮的《辛巳泣蕲录》记载："铁火炮"状如瓠瓜，口小而身粗，用生铁做成，厚2寸。小口中安引线，用抛石机发射，曾落入知府帐前，炸伤军士，引起大火。

金哀宗正大八年（1231），元军攻打金军，攻入大散关（陕西省宝鸡市南），金军将领板讹可沿河而逃，河中有船挡住去路，他命令施放"震天雷"将船炸毁，得以顺利通过。

金哀宗天兴元年（1232），元军攻金军的南京（今开封市），金军也使用了"震天雷"，其声如雷，远达百里。元军攻城时，使用牛皮"洞子"作掩护，挖土攻城。金军使用箭、石皆打不破牛皮"洞子"，就用绳将"震天雷"吊于牛皮"洞子"之上，燃爆之后，人与牛皮都炸得粉碎。《金史》和《辛巳泣蕲录》都对"震天雷"作了具体描述，以铁为罐，状如瓠瓜，弹炸半亩之广，声震百里之遥。

金哀宗天兴二年（1233），金国的"忠孝军"与元军在归德（今河南省商丘县）战役中，使用了"飞火枪"，使元军大败，死伤3 500余人。

"飞火枪"是以16层敕黄纸糊成的枪筒，长2尺多，缚在刺敌人的铁枪头上，内装柳灰、铁滓末、硫黄、砒霜等，与敌人交锋时，点火喷射，它以喷发火焰毒药伤人，并不爆炸。

元军在金哀宗天兴元年（1232）围攻汴京，使用了火炮，哀宗完颜守绪逃到蔡州（今河南汝南县），元军进攻时，再用火炮，烧毁城上的楼橹，城破哀宗自缢，金朝灭亡。

元世祖至元十一年（1274），丞相伯颜从襄阳东下，进攻沙洋（今湖北省荆门），使用火炮，满城起火，终于攻下沙洋城。

至元十六年（1279），元将张弘范与宋将张世烈战于崖山（今广东省新会县南海中），双方使用火炮，互有胜负。

至元十七年（1280），扬州火药库爆炸，众炮齐发，如山崩海啸，地动山摇，炸死100余人，樑柱被炸出十几里外，可见爆炸力之强。

元世祖两次进军日本，也使用了铁火炮，至元十一年（1274），与日军在博多交战。日人的《八幡愚童训》记载：元军发铁火炮，声如霹雳，日军震得目瞪耳聋，不知所为，日军败逃。至元十八年（1281），进攻澉浦，再用铁火炮，杀死日将少贰资师。日本随军画家竹崎季长根据所见，画下了当时的铁火炮，公元1292年他编成画册《蒙古袭来绘词》，流传至今。所画铁火炮，状如圆碗，上半炸破，火焰喷射，下半完整，向前飞行。

元代张宪的《五笥集》中，有一首《铁炮行》诗，描述了爆炸时的铁火炮：

黑龙随卵大如斗，卵破龙飞雷免走，

先腾阳燧电火红，霹雳一声混沌剖。

当时铁火炮的杀伤力已很大，元文宗至顺三年（1332），元军的千夫长克呀景兖甫在河南省嵩县的九皋山立炮神庙，请汉人王沂写文章记述建庙缘起，描述了铁火炮的巨大威力。

元代的管形火器，也有火枪、突火枪和火筒，这时的最大进步是将纸制、竹制的枪筒，变成了金属的枪筒，因而文字记载变成了"火铳"与"铜将军"。

北京历史博物馆保存了元文宗至顺三年（1332）制造的铜火镜一只，上有铭文："至顺三年二月吉日。"这是我国保存至今最早的铜火镜，也是世界上保存至今的最早的铜火镜。

元至正二十六年（1366），朱元璋大将徐达，围攻平江城（今江苏省苏州市），以"铜将军"发飞炮，杨维桢作了一首《铜将军》诗：

铜将军，无目视，有准，

铜将军，无耳听，有声。

······

铜将军，天假手，疾雷一击，粉碎千金身。

斩妖蔓，拔祸根，烈火三日烧碧云。

铁篙子，面缚西向为吴宾。

最后一句是说张士城被缚，西去应天府，做了吴王朱元璋的宾客（俘虏）。

清代张文虎《舒艺室诗存》卷二，记载清末金陵校场动工，曾挖出张士诚所铸铁铳数百只，并咏诗记载。其后支伟成所撰《吴王张士诚载记》，卷首有张士诚所铸铁铳版图一幅，上铸"周三年造，重五百斤"。周为张士诚年号。可知元末已有铜、铁所铸火铳了。

明代的"神火飞鸦"与"火龙出水"

明朝有人为了使火箭发挥更大的威力，把几十支火药箭装在一个大筒里，把各支药箭的火线都连到一个总线上。用的时候将总线点燃，几十支箭一齐向后喷射，利用喷射气流的反作用力，火箭飞快地前进。这与送宇宙飞船上天是一个道理。

明朝还有人依据火箭与风筝的原理，发明了原始的飞弹。

第一种叫"震天雷炮"。攻城的时候，只要顺风点着引火线，"震天雷炮"就会一直飞入城内，等引火线烧完，就引起了火药爆炸。

第二种叫"神火飞鸦"。用竹篾扎成鸟状，腔中装满火药，点燃后可飞100丈远，落地后鸟背上的导线也随之燃烧，引起乌鸦内部火药爆炸，立刻声如响雷，烈火熊熊，可以烧毁敌人的营寨和船只。

"震天雷炮"和"神火飞鸦"可视为最早的飞弹。

明代茅元仪《武备志》一书，记载了一种叫"火龙出水"的火箭。它是用一根5尺竹筒做成龙身，龙身前后各装两组火箭。使用时先点燃第一组火箭，可飞二三里远，引火药又点燃第二组火箭，飞出射伤和烧伤敌人。

　　《火备志》还记述了一种"飞空沙筒"。它在竹筒两端各绑一个推力火箭，方向相反。竹筒中装入炸药沙石。点燃正向火箭，竹筒飞向敌营，到达后爆炸，喷射沙石。然后，反向火箭被引线点燃，竹筒又飞回原处。这多么像返航的飞船啊！

火药向世界各地的传播

　　19世纪以来，欧、美的火药史专家并不承认火药是中国人发明的，他们也不认为火药是经阿拉伯人传入欧、美的。他们认为火药是欧洲人发明的，法国人认为是希腊的马哥发明的，他写了《制敌燃烧火攻书》，其中讲了火药；德国人认为是率威尔斯公元1353年发明的；英国、美国人认为是罗吉尔·培根发明的。

　　正是针对这些荒谬的错误说法，恩格斯于1850年在《德国农民战争》一书中说：

　　"火药是从中国经过印度传给阿拉伯人，又由阿拉伯人和火药武器一道经过西班牙传入欧洲。"

　　19世经中期的许多欧美学者并不了解中国。他们的欧洲中心说观念，使他们认定中国人是愚昧的东亚病夫，绝不会发明火药。阿拉伯人是游牧民族，在科学上也不会有什么发明，继续进行毫无根据的猜测与论证，说火药是欧洲人发明的。这使恩格斯不得不在1878年的《反杜林论》中，再次指出：

"在10世纪初，火药从阿拉伯人那里传入西欧，它使整个作战方法发生了变化，这是每个小学生都知道的。"

9—12世纪，阿拉伯地区有一个强大的大食（阿拉伯帝国）。它与中国有频繁的经济文化往来，也发生过激烈的战争。在经济文化往来中，把火药知识传入了阿拉伯；在血与火的战争中，把火药武器传入了阿拉伯。

在这段时间，有两本阿拉伯著作谈到中国的炼丹与医学，足以证明炼丹与医药知识传入了阿拉伯。

硝石是炼丹与医学必不可少的药品，它是火药的主要原料，硝石最先传入了阿拉伯。

阿拉伯人伊宾伯它尔在《医药典》中，使用了"巴鲁得"一词。他在"巴鲁得"的后边加了一个注解，注解中写道："这是'中国雪'，埃及老医生们所叫的一种名称。西方普通人和医生都叫'巴鲁得'。"

"巴鲁得"一词，现代的阿拉伯文就是火药。此事足以证明火药是从中国传入阿拉伯的。也就是说12世纪以前，火药就传入了阿拉伯。

阿拉伯的哈桑兵书，更有力地证明了火药是从中国传入了阿拉伯。他的兵书中，有3个烟火的配方写入了"中国铁"。

一、实验花的成分：

硝10、硫黄3、木炭2、火石4、中国铁9、花10。

二、鸡斗的成分：

硝10、硫黄$1\frac{3}{4}$、木炭$1\frac{1}{3}$、中国铁2。

三、契丹花用于火门的成分：

硝10、硝磺2、木炭$3\frac{1}{4}$、中国铁10。

欧洲人最早记述火药的是英国人罗吉尔·培根和德国人阿贝诗。

罗吉尔·培根生于宋宁宗嘉定七年（1214），死于元世祖至元二十九年（1292）。他在自己著作中，对火药做了如下的描述：

"由于火的闪光、燃烧及其可怕的巨响，这种新奇的东西，可在我们所希望的任何地方放出，使人难以自卫和招架。有一种发响和喷火的儿童玩具，在世界各地用硝石、硫黄和柳炭的药粉制成。将这种药粉密封在指头大的羊皮纸筒中，就能产生出巨响，尤其突然遭遇时，会把人的听觉搅乱。当用大型装置时，可怕的闪光更令人恐慌，没有人能够经得住这种闪光与巨响的恐吓。如果装置用结实的材料制成，则爆炸的强度还会更大。"

罗吉尔·培根的火药知识，可能来自阿拉伯人的著作。威廉斯在他的《科学史》中说："世人奢谈培根的发明与发现，其实他的发明与发现不是真的，乃是抄袭伊斯兰教国人的。这里的'伊斯兰教国人'，就是指阿拉伯人。"

我们还有一条可供参考的依据，就是当代著名的科学史专家李约瑟指出：培根有一个兄弟来过中国，回到欧洲时，送给他一盒中国烟火。所以，我们认定培根的火药描述来自阿拉伯或中国。

阿贝特生于南宋绍熙四年（1193），死于元代至元十七年（1280）。他在晚年写成的《世界奇妙事物》中，也记载了火药：

"飞火：取1磅硫黄、2磅柳炭、6磅硝石，将此三物在大理石上，仔细粉碎。然后，按你所需之量放入纸筒中，以制飞火或响雷。制飞火的筒应长而细，装满药。制响雷的筒，应短而粗，装一半的药。"

阿贝特的上述记载与阿拉伯兵书《焚敌火攻书》中关于"飞火"的记述，几乎完全一样。而且，阿贝特写《世界奇妙事物》时，《焚敌火攻书》已有了拉丁文译本。所以，我们认定阿贝特记载的火药知识也来自阿拉伯国家。

中国的火药武器也是通过阿拉伯人传入了欧洲。

13世纪，元朝与阿拉伯人的战争中，使用了火药武器。在交战中，火药武器和制造方法传入了阿拉伯。当时的阿拉伯兵书中，有元军使"铁火瓶"的记述，这就是宋、元两朝的"震天雷"与"铁火炮"一类的武器。

这一时期的阿拉伯兵书，还记载了近距离使用的"契丹火枪"和远距离使用的"契丹火箭"。这里的"契丹"并不是指中国史书中的辽国，而是泛指中国。"火枪"就是把火药纸筒绑在铁枪尖上，交战时喷火伤人。"火箭"就是用弓弩或抛石机发射的燃烧性火箭武器。

元代至元二十七年（1290），十字军第七次东征失败。阿拉伯人攻击法国军队时，用29座抛石机发射火球、火瓶和火罐。法国人经受不住火攻，退到塞浦路斯岛。

1248年至1254年，十字军第七次东征时阿拉伯人发射了带有长尾的火箭，火光如同白昼，燃烧力很强。西班牙军队攻击阿拉伯人的战争中，阿拉伯人反击，进攻沙城时，再次用抛石机发射火球，声如震雷，燃毁了房屋。正是在这些战争中，阿拉伯人把火药武器传给了欧洲人。

中国的火药武器传入欧洲，还有一条直接的途径，就是元军的远征欧洲。

元军灭金的第二年，蒙古诸王决定西征伏尔加河流域。15万铁骑长驱直入，势不可挡。连续攻下莫斯科、基辅等地，然后攻入波兰和日耳曼东南部。

蒙古军和波兰、日尔曼联军在1241年4月9日于莱格尼查附近的华尔斯达脱平原展开了一场恶战。传说这场恶战中，中国军队使用了"龙喷火筒"，欧洲军队不知所措，认为这是一种妖术。但是，1270年十字军第八次东征时欧洲军队已学会了使用火箭，用来反击阿拉伯人的军队了。

14世纪中期，欧洲有了管形火器。元顺帝至正五年（1345），法国的旧法文档案记载：土劳斯国王送来两尊铁炮，8磅火药和200颗铅弹。同年，英国爱德华国王下令制造"瑞波里斗"式射击性火器100支。

欧洲人学会使用火药与火药武器比中国晚了几百年。但是，由于中国封建统治的保守与落后，欧洲人很快在火药武器制造方法方面超过了中国，站到了世界的前列。他们用以轰开中国清政府封闭铁门的洋枪洋炮，利用的正是中国人发明的火药，难道这个问题不应该永远引起我们的反思吗？

我们聪明智慧的祖先，曾经创造了造福于全人类的四大发明。高举着科学先进的大旗，站在世界各国的前列。难道在改革开放的今天，在"海阔凭鱼跃，天高任鸟飞"的新时代，在科学技术上，我们不应该有水平更高、成就更大的创造和发明吗？

世界五千年科技故事丛书